"十四五"职业教育国家规划教材

模具数控加工技术

主　编　范　鹤　曲树德
副主编　冯建忠　张井彦　贾璧齐
　　　　李　曼

北京理工大学出版社
BEIJING INSTITUTE OF TECHNOLOGY PRESS

版权专有 侵权必究

图书在版编目（CIP）数据

模具数控加工技术/范鹤，曲树德主编. —北京：北京理工大学出版社，2023.8重印
ISBN 978-7-5682-7414-2

Ⅰ.①模⋯ Ⅱ.①范⋯ ②曲⋯ Ⅲ.①模具–数控机床–加工–教材 Ⅳ.①TG76

中国版本图书馆CIP数据核字（2019）第174495号

出版发行 / 北京理工大学出版社有限责任公司
社　　址 / 北京市海淀区中关村南大街5号
邮　　编 / 100081
电　　话 /（010）68914775（总编室）
　　　　　（010）82562903（教材售后服务热线）
　　　　　（010）68944723（其他图书服务热线）
网　　址 / http://www.bitpress.com.cn
经　　销 / 全国各地新华书店
印　　刷 / 定州市新华印刷有限公司
开　　本 / 787毫米 × 1092毫米 1/16
印　　张 / 14.5　　　　　　　　　　　　　　　　　　责任编辑 / 张海丽
字　　数 / 308千字　　　　　　　　　　　　　　　　文案编辑 / 张海丽
版　　次 / 2023年8月第1版第3次印刷　　　　　　　　责任校对 / 周瑞红
定　　价 / 43.00元　　　　　　　　　　　　　　　　责任印制 / 李志强

图书出现印装质量问题，请拨打售后服务热线，本社负责调换

"统筹职业教育、高等教育、继续教育协同创新，推进职普融通、产教融合、科技融汇，优化职业教育类型定位。"为了深入贯彻党的二十大精神，将教材作为立德树人的核心载体，落实立德树人根本任务，帮助学生牢固树立对马克思主义的信仰，对中国特色社会主义的信念，对实现中华民族伟大复兴中国梦的信心。作者团队提炼了由吉林智晟汽车模具有限公司（校中厂）的真实加工项目。本书全面适应现代学徒制的要求，着重培养学生实践动手能力，通过具体模具零件的数控车加工、数控铣加工、数控CAM加工、数控线切割加工等技能入手，使学生具备模具数控加工基础知识及相关技能，了解模具数控加工技术的基本概念、模具数控加工的原理，依据模具零件的制造和模具装配过程，组织学生完成各种模具零件的制造和模具装配，培养学生实践动手能力。

本书依据"以学生为主体，以就业为导向，以岗位为依据，以能力培养为主线"的原则，以数控加工机床为主，以企业真实生产任务设置为课程教学实施载体，通过导柱、导套、凸模、凹模、固定板的加工项目训练，学生能够独立完成生产准备，根据加工工艺编制程序，完成程序调用，能够选择合理的工件安装方式，完成工件安装和拆卸，完成模具零件的数控加工，培养学生模具数控加工制造能力及岗位工作能力。

建议的课时安排如下：

序号	能力训练项目	能力训练任务	学时
项目一	模具零件的数控车削加工	1. 熟练运用数控车床的操作面板进行程序的编辑与校验 2. 正确选用切削用量和常用刀具 3. 正确编制外圆表面加工程序 4. 独立操作机床进行对刀 5. 独立完成零件的数控加工 6. 正确检测零件外圆表面 7. 进行数控车床日常维护与保养	20

续表

序号	能力训练项目	能力训练任务	学时
项目二	模具零件的数控铣削加工	1. 会制定各类模具零件的数控加工工艺 2. 会正确选择数控铣床、刀具、夹具 3. 会确定切削用量 4. 会确定加工顺序及进给路线 5. 会用 FANUC–0i 和 FANUC–0MD 数控系统的指令编制各类模零件的数控加工程序	20
项目三	模具零件的CAM加工	会使用 CAM 软件（UG）进行零件的后置处理并生成加工程序	20
项目四	模具零件的线切割加工	1. 了解电火花线切割的加工原理及组成 2. 会制定典型模具零件的电火花线切割加工工艺 3. 会正确装夹找正工件 4. 会确定合理的电火花线切割参数 5. 会确定合理的切割方向及进给路线 6. 能够熟练采用 3B、ISO 格式编程	12
合计			72

由于编者水平有限，书中难免有疏漏和不足之处，敬请广大读者批评指正。

编　者

目录 Contents

▶ 项目一　模具零件的数控车削加工 …………………………………………… 1

　　模块1　模具阶梯轴类零件的加工 ………………………………………… 2
　　　　一、教学目标 ……………………………………………………………… 2
　　　　二、工作任务 ……………………………………………………………… 2
　　　　三、工作化学习内容 ……………………………………………………… 2
　　　　四、相关的理论知识 ……………………………………………………… 6
　　　　五、思考与练习 …………………………………………………………… 34

　　模块2　模具曲面轴类零件的加工 ………………………………………… 35
　　　　一、教学目标 ……………………………………………………………… 35
　　　　二、工作任务 ……………………………………………………………… 35
　　　　三、工作化学习内容 ……………………………………………………… 36
　　　　四、相关的理论知识 ……………………………………………………… 40
　　　　五、思考与练习 …………………………………………………………… 49

　　模块3　模具轴套类零件的加工 …………………………………………… 50
　　　　一、教学目标 ……………………………………………………………… 50
　　　　二、工作任务 ……………………………………………………………… 50
　　　　三、工作化学习内容 ……………………………………………………… 51
　　　　四、相关的理论知识 ……………………………………………………… 55
　　　　五、思考与练习 …………………………………………………………… 69

▶ 项目二　模具零件的数控铣削加工 …………………………………………… 70

　　模块1　凸模零件的外轮廓加工 …………………………………………… 71
　　　　一、教学目标 ……………………………………………………………… 71
　　　　二、工作任务 ……………………………………………………………… 71
　　　　三、工作化学习内容 ……………………………………………………… 71
　　　　四、相关的理论知识 ……………………………………………………… 76
　　　　五、思考与练习 …………………………………………………………… 95

　　模块2　凹模零件的内轮廓加工 …………………………………………… 97
　　　　一、教学目标 ……………………………………………………………… 97

二、工作任务 …………………………………………………………………… 97
　　三、工作化学习内容 ……………………………………………………………… 98
　　四、相关的理论知识 ……………………………………………………………… 101
　　五、思考与练习 …………………………………………………………………… 105
　模块3　模板零件的孔系加工 ………………………………………………………… 108
　　一、教学目标 ……………………………………………………………………… 108
　　二、工作任务 ……………………………………………………………………… 109
　　三、工作化学习内容 ……………………………………………………………… 110
　　四、相关的理论知识 ……………………………………………………………… 116
　　五、思考与练习 …………………………………………………………………… 133
　模块4　模具零件的综合加工 ………………………………………………………… 136
　　一、教学目标 ……………………………………………………………………… 136
　　二、工作任务 ……………………………………………………………………… 137
　　三、工作化学习内容 ……………………………………………………………… 137
　　四、相关的理论知识 ……………………………………………………………… 144
　　五、思考与练习 …………………………………………………………………… 149

▶ **项目三　模具零件的 CAM 加工** ……………………………………………………… 152

　模块1　平面类模具零件的 CAM 加工 ………………………………………………… 153
　　一、教学目标 ……………………………………………………………………… 153
　　二、工作任务 ……………………………………………………………………… 153
　　三、工作化学习内容 ……………………………………………………………… 153
　　四、相关的理论知识 ……………………………………………………………… 158
　　五、思考与练习 …………………………………………………………………… 163
　模块2　曲面类模具零件的 CAM 加工 ………………………………………………… 164
　　一、教学目标 ……………………………………………………………………… 164
　　二、工作任务 ……………………………………………………………………… 164
　　三、工作化学习内容 ……………………………………………………………… 165
　　四、相关的理论知识 ……………………………………………………………… 172
　　五、思考与练习 …………………………………………………………………… 177
　模块3　模具零件孔系的 CAM 加工 …………………………………………………… 177
　　一、教学目标 ……………………………………………………………………… 177
　　二、工作任务 ……………………………………………………………………… 177
　　三、工作化学习内容 ……………………………………………………………… 178
　　四、相关的理论知识 ……………………………………………………………… 183
　　五、思考与练习 …………………………………………………………………… 185
　模块4　模具零件 CAM 加工的后置处理 ……………………………………………… 186

一、教学目标 ……………………………………………………… 186
　　二、工作任务 ……………………………………………………… 186
　　三、工作化学习内容 ……………………………………………… 186
　　四、相关的理论知识 ……………………………………………… 189
　　五、思考与练习 …………………………………………………… 191
▶ **项目四　模具零件的线切割加工** …………………………………… 193

　模块1　典型模具零件的内轮廓加工——凹模零件加工 …………… 194
　　一、教学目标 ……………………………………………………… 194
　　二、工作任务 ……………………………………………………… 194
　　三、工作化学习内容 ……………………………………………… 194
　　四、相关的理论知识 ……………………………………………… 197
　　五、思考与练习 …………………………………………………… 212
　模块2　典型模具零件的外轮廓加工——凸模零件加工 …………… 213
　　一、教学目标 ……………………………………………………… 213
　　二、工作任务 ……………………………………………………… 214
　　三、工作化学习内容 ……………………………………………… 214
　　四、相关的理论知识 ……………………………………………… 216
　　五、思考与练习 …………………………………………………… 222
▶ **编后语** ……………………………………………………………… 223

项目一
模具零件的数控车削加工

教学目标

- 会制定各类模具轴类零件的数控加工工艺。
- 会正确选择数控车床、刀具、夹具。
- 会确定切削用量。
- 会确定加工顺序及进给路线。
- 会用 FANUC-0i 数控系统的指令编制各类模具轴类零件的数控加工程序。

工作任务

- 完成模块 1~3 中各类模具轴类零件的数控工艺编制及程序编制。

模块 1　模具阶梯轴类零件的加工

一、教学目标

1. 会制定模具阶梯轴类零件的数控加工工艺。
2. 了解数控车床的结构，会正确选用数控车床。
3. 会正确选择数控车床夹具并确定零件的装夹方案。
4. 会合理选用车刀。
5. 会确定加工顺序及进给路线。
6. 会确定切削用量。
7. 会用 FANUC – 0i 数控系统的 G00 ~ G03、G40/G41/G42、G90/G91、G71、G70 等指令编程。
8. 会用 FANUC – 0i 数控系统的 S、F、M、D 等指令编程。
9. 会编制模具阶梯轴类零件的数控加工程序。

二、工作任务

（一）零件图纸。

凸模如图 1 – 1 所示。

（二）生产纲领

单件生产。

三、工作化学习内容

（一）编制凸模的数控加工工艺

1. 分析零件工艺性能

该凸模形状简单，是阶梯形轴类零件。

加工内容：车削端面，车削三段轴，尺寸分别为 $\phi38 \times 6$、$\phi32 \times 19$、$\phi28.2 \times 25$，倒圆 $R1$、$R0.5$，切断。

加工精度：$\phi32$ 尺寸公差为 0.016，精度等级为 6 级；$\phi28.2$ 尺寸公差为 0.02，精度等级为 7 级。$\phi28.2$ 与 $\phi32$ 轴段有同轴度公差要求，各轴段表面与 $\phi38$ 台阶面表面粗糙度均为 $Ra3.2$，其他表面粗糙度为 $Ra6.3$。

2. 选用毛坯或明确来料状况

凸模的最大外形尺寸为 $\phi38 \times 50$ mm，考虑到车左、右端面和留装夹长度为 30 mm，

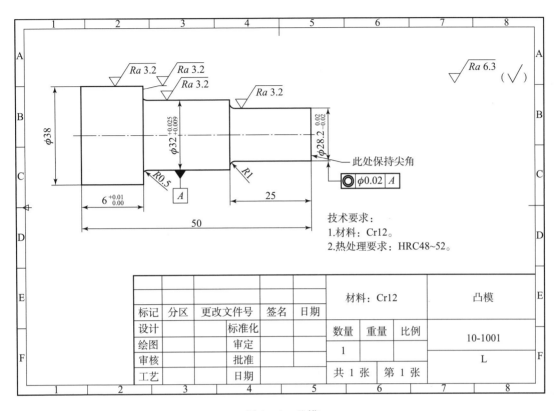

图 1-1 凸模

给车轮廓留够加工余量,选用毛坯尺寸为 $\phi 45 \times 90$ mm 的 Cr12。

3. 选用数控机床

此凸模是典型的轴类零件,需要二轴联动数控车床成形,零件不大,加工所需刀具不多,综合上述原因,利用现有生产设备,选用长春科教城模具实训中心现有的 KDCK-20A 数控车床。

4. 确定装夹方案

零件形状简单,原材料长度也足够,直接将工件装夹在卡盘上即可,这里假设工件伸出卡盘的长度为 60 mm。

5. 确定加工方案及加工顺序

根据零件形状及加工精度要求,一次装夹完成所有加工内容:车端面→从右端到左端粗车外圆→从右端到左端精车外圆→切断。

6. 选择刀具

粗车选用"装 CN 型刀片的 93°偏头仿形车刀 CNMG120408",刀尖圆弧半径 $r=0.8$。

精车选用"装 CN 型刀片的 93°偏头仿形车刀 CNMG120404",刀尖圆弧半径 $r=0.4$;主副偏角都不会发生碰工件的现象。

7. 确定切削用量

粗车：背吃刀量 $a_p = 1$，进给量 $F = 0.15$，切削速度 $V_c = 100$，主轴转速 $S = 600$。

精车：背吃刀量 $a_p = 0.5$，进给量 $F = 0.1$，切削速度 $V_c = 120$，主轴转速 $S = 1\ 200$。

8. 填写工艺文件

根据上述分析与计算，填写表1－1数控加工工艺卡片。

表1－1 数控加工工艺卡片

单位名称			零件名称	零件材料	零件图号	
			凸模	45#钢	10－1001	
工序号	程序编号		夹具名称	使用设备	车间	
	01/02		卡盘	KDCK－20A数控车床		
工步号	工步内容	刀具号	刀具规格	主轴转速 /(r·min^{-1})	进给速度 /(mm·r^{-1})	背吃刀量 /mm	备注
1	车端面	T01	93°偏头仿形车刀	600	100	2	
2	粗车外轮廓，留精加工余量0.2	T01	93°偏头仿形车刀	600	100	1.8～4.8	
3	精车外轮廓至图纸要求	T02	93°偏头仿形车刀	1 200	100	1.8～4.8	
编制		审核	批准	年 月 日	共 页	第 页	

（二）编制凸模零件的数控加工程序

1. 建立工件坐标系

对于卧式车床，工件原点通常设在工件的左端面中心上，编程、对刀比较方便。为此，加工图1－1所示阶梯轴数控车削程序的工件坐标系原点选在工件左端面回转中心上，如图1－2所示。

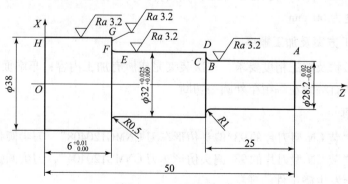

图1－2 工件坐标系

2. 编程方案及走刀路径

为提高编程效率,减轻编程人员的负担,采用内径/外径粗车复合循环指令 G71 和轮廓精加工复合指令 G70 编程,走刀顺序详见本模块相关理论部分。子程序编程节点顺序为 $A \to B \to C \to D \to E \to F \to G \to H$。

3. 计算编程尺寸

编程所需的基点坐标如表 1-2 所示。

表 1-2 基点坐标

基点序号	X 坐标值	Z 坐标值	基点序号	X 坐标值	Z 坐标值
A	28.2	50	F	33	6
B	28.2	26	G	38	6
C	30.2	25	H	38	0
E	32	25			

4. 编制程序

凸模零件数控加工主程序如表 1-3 所示。

表 1-3 凸模零件数控加工主程序

主程序	注释
O0001	程序号;
N10 G00 G40 G97 G99 M03 S600;	启动主轴;
N20 T0101;	选用 1 号刀;
N30 M08;	切削液开;
N40 G00 X60 Z50;	进刀;
N50 G01 X0 F0.15;	车端面;
N60 G00 X50 Z50.5;	退刀至粗车循环起始点;
N70 G71 U1 R1;	粗车循环,每刀 2 mm,退距离 1 mm;
N80 G71 P90 Q160 U0.5 W0.02 F0.15;	留精车余量 $X = 0.5$ mm,$Z = 0.02$ mm,进给速度为每转 0.15 mm;
N90 G00 X28.2;	进刀至精加工形状起始点;
N100 G01 Z24;	车削外圆柱 $\phi 28.2$;
N110 G02 X30.2 Z25 R1;	车削圆弧 $R1$;
N120 G01 X32;	车削台阶面;
N130 Z6.5;	车削外圆柱 $\phi 32$;
N140 G02 X33 Z6 R0.5;	车削圆弧 $R0.5$;
N150 G01 X38;	车削台阶面;
N160 Z0;	车削外圆柱 $\phi 38$;
N170 G00 X150 Z150 M05;	退刀返回,主轴停;

续表

主程序	注释
N180 G00 G40 G97 G99 M03 S1200;	主轴开;
N185 T0202;	换2号精加工车刀
N190 M08;	冷却液开;
N200 G00 X50 Z50.5;	进刀,准备精车;
N210 G70 P90 Q160 F0.1;	精加工循环,进给速度为每转0.1 mm;
N220 G00 X150 Z150;	返回;
N230 M30;	程序结束。

四、相关的理论知识

(一)数控车床的结构

数控车床就是装备了数控系统的车床或采用了数控技术的车床,它是将事先编好的加工程序输入数控系统中,由数控系统通过伺服系统去控制车床各运动部件的动作,加工出符合要求的各种回转体类零件的一类金属切削机床。

1. 数控车床的类型

(1)按主轴布局方位分类,数控车床可分为卧式数控车床和立式数控车床两大类。卧式数控车床的主轴成水平放置,主要用来车削轴类、套类零件。立式数控车床的主轴成垂直放置,主要用来车削盘类零件。立式数控车床多数是工作台直径大于1 000 mm 的大机床。还有具有两根主轴的车床,称为双轴卧式数控车床或双轴立式数控车床。

(2)按加工功能分类,数控车床可分为数控车床和车削中心两大类。车削中心是在数控车床功能的基础上增加了数控回转刀架或者刀具回转主轴,并配有换刀机械手。工件经一次装夹后能完成车、铣、钻、铰、车螺纹等多种工序。

(3)按数控系统的功能分类,数控车床可分为全功能型数控车床和经济型数控车床两类。全功能型数控车床如配有 FANUC – OTE、德国 SINUMERIK – 810T 系统的数控车等。经济型数控车床是在普通车床基础上改造而来的,一般采用步进电动机驱动的开环控制系统,其控制部分通常采用单片机来实现。

2. 数控车床的组成及布局

(1)数控车床的组成。数控车床与普通车床相比较,其结构上仍然是由床身、主轴箱、刀架、进给传动系统、液压、冷却、润滑系统等部分组成的。在数控车床上由于实现了计算机数字控制,伺服电动机驱动刀具做连续纵向和横向进给运动,所以数控车床的进给系统与普通车床的进给系统在结构上存在着本质上的差别。普通车床主轴的运动经过挂轮架、进给箱、溜板箱传到刀架实现纵向和横向进给运动。而数控车床是采用伺服电动机经滚珠丝杠,传到滑板和刀架,实现纵向(Z向)和横向(X向)进给运动。可见数控车床进给传动系统的结构大为简化。

(2) 数控车床的布局与特点。数控车床的主轴、尾座等部件相对床身的布局形式与普通车床基本一致。因为刀架和导轨的布局形式直接影响数控车床的使用性能及机床的结构与外观,所以刀架和导轨的布局形式发生了根本的变化。另外,数控车床上大都设有封闭的防护装置,有些还安装了自动排屑装置。

床身和导轨的布局。数控车床床身导轨与水平面的相对位置如图 1-3 所示,共有四种布局形式:平床身、斜床身、平床身斜滑板、立床身。

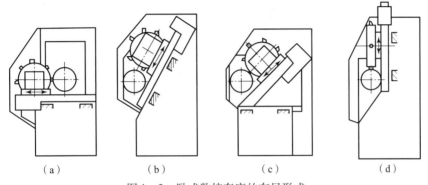

图 1-3 卧式数控车床的布局形式
(a) 平床身;(b) 斜床身;(c) 平床身斜滑板;(d) 立床身

水平床身配上水平放置的刀架可提高刀架的运动精度,工艺性好,便于导轨面的加工,多用于大型数控车床或小型精密数控车床。

水平床身配上倾斜放置的滑板,并配置倾斜式导轨防护罩,这种布局形式一方面有水平床身工艺性好的特点,另一方面机床宽度方向的尺寸较水平配置滑板的要小,且排屑方便。斜床身导轨倾斜的角度分别为 30°、45°、60°、75°,当角度为 90°时称为立式床身。中小规格的数控车床,床身的倾斜角度一般是 60°。

(3) 刀架的布局。根据刀架回转轴心线与主轴的方位不同,刀架在机床上有两种布局形式:一种是适用于加工轴类和盘类零件的刀架,其回转轴心线与主轴平行;另一种是适用于加工盘类零件的刀架,其回转轴心线与主轴垂直。根据回转刀架与主轴的方位不同,刀架在机床上也有两种布局形式:一种是刀架在主轴前,即前置式,也就是通常所说的右手车 [图 1-3 (a)];另一种是刀架在主轴后,即后置式,也就是通常所说的左手车 [图 1-3 (b)、(c)、(d)]。不管是前置式还是后置式,装在刀架上的镗刀都应能过工件中心,以便退刀,否则可能会造成无法镗孔的严重缺陷。

3. 数控车床的规格参数

数控车床基本规格及功能与所选择的配置有直接关系,如图 1-4 所示。总的来说,有五个方面的内容,分述如下:

(1) 尺寸规格。尺寸规格参数有工件最大回转直径、工件最大长度,它们限制了所能加工的工件大小。

(2) 成形能力。成形能力主要由进给联动坐标轴插补功能实现,使工件成为要求的形状。不管是全功能型数控车床还是经济型数控车床,最少应有两轴联动功能,以实现

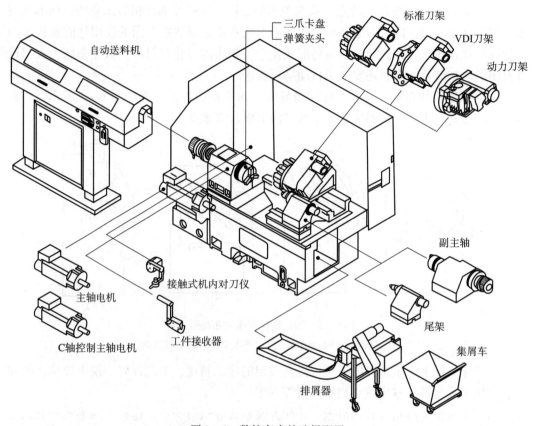

图1-4 数控车床的选择配置

刀具的进给插补运动,加工出曲面。一般只有一个回转刀架的数控车床,都具有两轴联动功能。

数控车床加工时,如果刀杆能始终垂直于加工表面联动回转,保持车刀主偏角不变,能防止干涉、扩大加工范围,大大改善切削性能。轮胎模具制造业很需要这种机床。

(3) 数控机床的精度指标。数控机床的精度指标有几何精度、位置精度和切削精度三个方面。几何精度与普通车床类似。位置精度主要有定位和重复定位精度两项指标,定位精度决定着被加工零件的坐标尺寸,重复定位精度决定着这些尺寸的稳定性。机床精度越高,加工出的零件精度越高,机床价格也越高。

(4) 数控机床的负荷指标。负荷指标主要由主电机的功率、进给电机的扭矩、机床尺寸规格大小等决定。

(5) 数控车床的辅助功能。辅助功能主要与自动化程度有关,如自动回转刀架、换刀机械手、集中润滑装置、冷却装置、自动排屑装置等。

回转刀架有多少个工位数,就意味着能装多少把刀具,相当于刀库的容量。两轴联动数控车床多采用12工位,也有采用6工位、8工位、10工位回转刀架的,8工位回转刀架如图1-5所示。

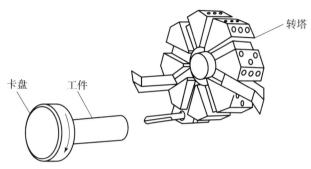

图1-5　8工位回转刀架

4. 数控机床的定位精度和重复定位精度

（1）定位精度。数控机床定位精度是指机床各运动部件在数控装置的控制下空载运动所能达到的位置准确程度。直线运动定位精度是指数控机床的移动部件沿某一坐标轴运动时实际值与给定值的接近程度，其误差称为直线运动定位误差。影响该误差的因素包括伺服、检测、进给等系统的误差，还包括移动部件导轨的几何误差等。直线运动定位误差将直接影响零件的加工精度。

（2）直线运动的重复定位精度。直线运动的重复定位精度是指在同一台数控机床上，应用相同程序、相同代码加工一批零件，所得结果的一致程度。直线运动重复定位精度受伺服系统特性、进给传动环节的间隙与刚性以及摩擦特性等因素的影响。一般情况下，重复定位精度是正态分布的偶然性误差，它影响一批零件加工的一致性，是反映轴运动精度稳定性的最基本指标。

（3）回转刀架的回转定位精度。回转刀架的回转定位精度是指回转刀架分度选刀后所能到达位置的准确程度。它直接影响机上自动换刀的刀具尺寸，间接影响零件的加工精度。

5. 数控车床的主要加工对象

（1）表面形状复杂的回转体类零件。由于数控车床具有直线和圆弧插补功能，只要不发生干涉，可以车削由任意直线和曲线组成的形状复杂的零件。

（2）"口小肚大"的封闭内腔零件。如图1-6所示零件在普通车床上是无法加工的，而在数控车床上则可以加工出来。

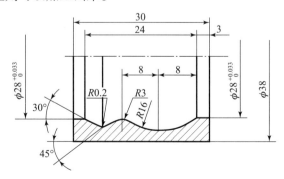

图1-6　"口小肚大"的封闭内腔零件

(3) 带特殊螺纹的零件。数控车床由于主轴旋转和刀具进给具有同步功能，所以能加工等导程和变导程的直、锥和端面螺纹，还能加工多头螺纹，但无同步功能的数控车床只能加工单头螺纹。螺纹加工是数控车床的一大优点，它车制的螺纹表面光滑、精度高。

(4) 精度要求高的零件。由于数控车床刚性好，制造和对刀精度高，以及能方便和精确地进行人工补偿和自动补偿，所以能加工尺寸精度要求较高的零件，在有些场合可以以车代磨；数控车削的刀具运动是通过高精度插补运算和伺服驱动来实现的，所以能加工对母线直线度、圆度、圆柱度等形状精度要求高的零件；工件一次装夹可完成多道工序的加工，提高了加工工件的位置精度；数控车床具有恒线速切削功能，能加工出表面粗糙度值小而均匀的零件。

(5) 超精密、超低表面粗糙度值的磁盘零件、录像机磁头、激光打印机的多面反射体、复印机的回转鼓、照相机等光学设备的透镜等零件，要求超高轮廓精度和超低的表面粗糙度值，它们适合于在高精度、高性能的数控车床上加工。数控车床超精加工的轮廓精度可达 0.1 μm，表面粗糙度达 0.02 μm，超精加工所用数控系统的最小分辨率应达 0.01 μm，这类机床的使用环境温度、湿度都有严格限制。

当然，数控车床能轻松地加工普通车床所能加工的内容，图 1-7 所示。

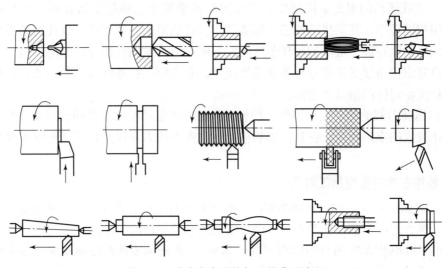

图 1-7 卧式车床所能加工的典型表面

（二）数控车床坐标系

为了确定工件在数控机床中的位置，准确描述机床运动部件在某一时刻所在的位置以及运动的范围，就必须给数控机床建立一个几何坐标系。目前，数控机床坐标轴的指定方法已标准化，我国执行的数控标准 JB/T 3051—1999《数控机床坐标系和运动方向的命名》与国际标准 ISO 和 EIA 等效，即数控机床的坐标系采用右手笛卡儿直角坐标系。它规定直角坐标系中 X、Y、Z 三个直线坐标轴，围绕 X、Y、Z 各轴的旋转运动轴为 A、B、C 轴，用右手螺旋法则判定 X、Y、Z 三个直线坐标轴与 A、B、C 轴的关系及其正方向，如图 1-8 所示。

如图1-9所示,图中大拇指的指向为 X 轴的正方向,食指指向为 Y 轴的正方向,中指的指向为 Z 轴的正方向。数控机床坐标轴的方向取决于机床的类型和各组成部分的布局,对数控车床而言:Z 轴平行于主轴轴心线,以刀架沿着离开工件的方向为 Z 轴正方向;X 轴垂直于主轴轴心线,以刀架沿着离开工件的方向为 X 轴正方向。

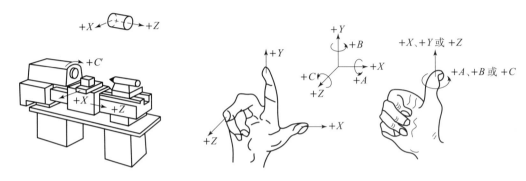

图1-8 机床坐标系　　　　　图1-9 笛卡儿右手直角坐标系

1. 机床参考点

机床坐标系是机床固有的坐标系,机床坐标系的原点称为机床原点或机床零点。为了正确地在机床工作时建立机床坐标系,通常在每个坐标轴的移动范围内设置一个机床参考点(测量起点),进行机动或手动回参考点,以建立机床坐标系。

机床参考点可以与机床零点重合,也可以不重合,通过参数指定机床参考点到机床零点的距离。机床回到了参考点位置,就建立起了机床坐标系。机床坐标轴的机械行程是由最大和最小限位开关来限定的。机床坐标轴的有效行程范围是由软件限位来确定的,其值由制造商定义机床原点、机床参考点构成数控机床机械行程及有效行程,如图1-10所示。

2. 工件坐标系

编程坐标系又称工件坐标系,是编程人员用来定义工件形状和刀具相对工件运动的坐标系。编程人员确定工件坐标系时不必考虑工件毛坯在机床上的实际装夹位置。

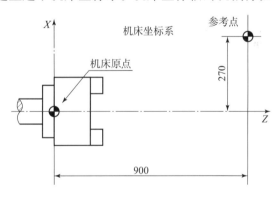

图1-10 机床坐标系和参考点

一般通过对刀获得工件坐标系。工件坐标系一旦建立便一直有效,直到被新的工件坐标系所取代。

编程原点是根据加工零件图样及加工工艺要求选定的工件坐标系原点,又称工件原点。编程原点选择应尽量满足编程简单、尺寸换算少、引起的加工误差小等条件。一般情况下,编程原点应选在零件的设计基准或工艺基准上。对数控车床而言,工件坐标系原点一般选在工件轴线与工件的前端面、后端面、卡爪前端面的交点上,各轴的方向应该与所使用的数控机床相应的坐标轴方向一致。

（三）工件的定位与装夹

1. 在三爪卡盘自定心卡盘上装夹

三爪定心卡盘如图 1-11 所示。用三爪定心卡盘方法装夹工件方便、省时，自动定心好，但夹紧力较小。

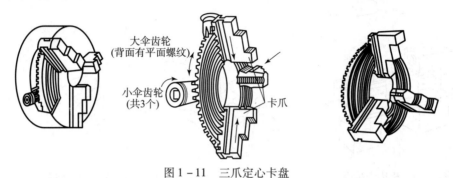

图 1-11　三爪定心卡盘

2. 用卡盘和顶尖一夹一顶工件

车削较长的工件时要一端用卡盘夹住，另一端用后顶尖支撑。为了防止工件由于切削力的作用而产生轴向位移，必须在卡盘内装一限位支承，或利用工件的台阶面限位（图 1-12），限制 5 个自由度。这种方法比较安全，能承受较大的轴向切削力，安装刚性好，轴向定位准确，所以应用比较广泛。工件较大时，也常用一夹一顶的装夹定位方式。

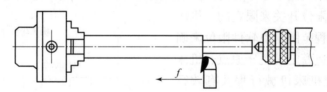

图 1-12　用工件台阶面定位，一夹一顶装夹工件

图 1-13 所示为活动顶尖，顶尖头部可以随工件转动，莫氏锥柄插在车床尾座锥孔内不动。图 1-14 所示为死顶尖，整体结构不能转，使用时在中心孔内经常加注润滑脂，以减小摩擦。这两种顶尖都属于后顶尖。

图 1-13　活动顶尖

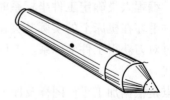
图 1-14　死顶尖

3. 在两顶尖之间装夹工件

对于长度尺寸较大或加工工序较多的工件，为保证每次精度，可用两顶尖装夹。两

顶尖装夹工件方便，不需找正，装夹精度高，但必须先在工件的两端面钻出中心孔。该装夹方式具有基准统一、基准重合原则，适用于多工序加工或精加工。

1）用两顶尖装夹工件注意事项

（1）前后顶尖的连线应与车床主轴轴线同轴，否则加工出的工件会产生锥度误差。

（2）尾座套筒在不影响车刀切削的前提下，应尽量伸出得短些，以增加刚性，减少振动。

（3）中心孔应形状正确，表面粗糙度值小。轴向精确定位时，中心孔倒角可加工成准确的圆弧形倒角，并以该圆弧形倒角与顶尖锥面的切线为轴向定位基准定位。

（4）两顶尖与中心孔的配合应松紧合适。

2）装夹

用前顶尖顶工件的一端，用后顶尖顶工件的另一端。一种前顶尖是插入主轴锥孔内的，如图 1-15（a）所示；另一种前顶尖是夹在卡盘上的，如图 1-15（b）所示。前顶尖与主轴一起旋转，不与主轴中心孔产生摩擦。

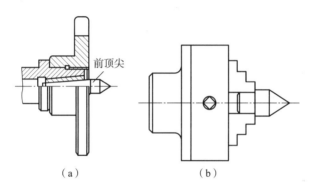

图 1-15　前顶尖

（a）前顶尖插入主轴锥孔；（b）前顶尖夹在卡盘上

工件安装时用对分夹头或鸡心夹头夹紧工件一端，拨杆伸向端面。两顶尖只对工件有定心和支撑作用，必须通过对分夹头或鸡心夹头的拨杆带动工件旋转，如图 1-16 所示。这样装夹限制 5 个自由度。

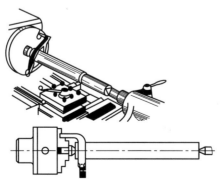

图 1-16　在两顶尖之间装夹工件

如果不用对分夹头或鸡心夹头带动工件旋转，还可以采用内、外拨动顶尖，如图 1-17 所示。这样装夹还是限制 5 个自由度。

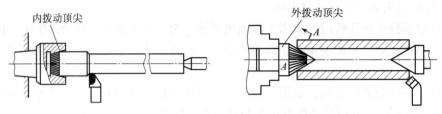

图 1-17　内、外拨动顶尖

（四）车刀的选择

刀具选择是数控加工工艺中最重要的内容之一，它不仅影响数控机床的加工效率，而且直接影响数控加工的质量。与普通机床加工相比，数控机床加工过程中对刀具的要求更高。不仅要求精度高、强度大、刚度好、耐用度高，而且要求尺寸稳定、安装调整方便。

车刀是应用最广的一种单刃刀具。车刀用于各种车床上，加工外圆、内孔、端面、螺纹、车槽等。车刀按结构可分为整体车刀、焊接车刀、机夹车刀、可转位车刀和成型车刀。其中可转位车刀的应用日益广泛，在车刀中所占比例逐渐增加。

所谓焊接式车刀，就是在碳钢刀杆上按刀具几何角度的要求开出刀槽，用焊料将硬质合金刀片焊接在刀槽内，并按所选择的几何参数刃磨后使用的车刀。

机夹车刀是采用普通刀片，用机械夹固的方法将刀片夹持在刀杆上使用的车刀，如图 1-18 所示。目前，机夹式刀具在数控车床上得到了广泛的应用，此类车刀具有如下特点：

（1）刀片不经过高温焊接，避免了因焊接而引起的刀片硬度下降、产生裂纹等缺陷，提高了刀具的耐用度。

（2）由于刀具耐用度提高，使用时间较长，换刀时间缩短，提高了生产效率。

（3）刀杆可重复使用，既节省了钢材又提高了刀片的利用率。刀片由制造厂家回收再制，提高了经济效益，降低了刀具成本。

（4）刀片重磨后，尺寸会逐渐变小，为了恢复刀片的工作位置，往往在车刀结构上设有刀片的调整机构，以增加刀片的重磨次数。

（5）压紧刀片所用的压板端部，可以起断屑器作用。

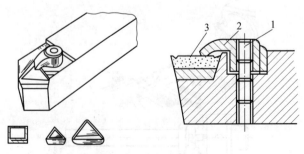

图 1-18　机夹可转位车刀
1—夹紧螺钉；2—夹紧块；3—刀片

选择机夹式刀具的关键是选择刀片，在选择刀片上要考虑以下几点：

（1）工件材料的类别：黑色金属、有色金属、复合材料、非金属材料等。

（2）工件材料的性能：硬度、强度、韧性和内部组织状态等。

（3）切削工艺类别：粗加工、精加工、内孔、外圆加工等。

（4）零件的几何形状、加工余量和加工精度。

（5）要求刀片承受的切削用量。

（6）零件的生产批量和生产条件。

（五）数控车削加工工艺

工艺路线的确定包括以下几个方面：

1. 工序的划分

数控车削加工工序的划分，可以按下列方式进行：

（1）以一次安装工件所进行的加工为一道工序。将位置精度要求较高的表面加工，安排在一次安装下完成，避免多次安装所生产的安装误差位置精度。

（2）以粗、精加工划分工序。粗、精加工分开可以提高加工效率，对于容易发生加工变形的零件，更应将粗、精加工内容分开。

（3）以同一把刀具加工的内容划分工序。根据零件的结构特点，将加工内容分成若干部分，每一部分用一把典型刀具加工，这样可以减少换刀次数和空行程时间。

（4）以加工部位划分工序。根据零件的结构特点，将加工的部位分成几个部分，每一部分的加工内容作为一个工序。

2. 工序顺序的安排

（1）基面先行。先加工定位基准面，以减少后面工序的装夹误差。如轴类零件，先加工中心孔，再以中心孔为精基准加工外圆表面和端面。

（2）先粗后精。先对各表面进行粗加工，然后再进行半精加工和精加工，逐步提高加工精度。

（3）先近后远。离对刀点近的部位先加工，离对刀点远的部位后加工，以便缩短刀具移动距离，减少空行程时间。同时有利于保持工件的刚性，改善切削条件，对于直径相差不大的阶梯轴，当第一刀的背吃刀量未超限时，应按 $\phi 10$ mm→$\phi 16$ mm→$\phi 24$ mm 的顺序由近及远地进行车削。

（4）内外交叉。先进行内、外表面的粗加工，后进行内、外表面的精加工。不能加工完内表面后，再加工外表面。

3. 进给路线的确定

进给路线是刀具在加工过程中相对于工件的运动轨迹，也称走刀路线。它既包括切削加工的路线，又包括刀具切入、切出的空行程。不但包括工步的内容，也反映出工步的顺序，是编写程序的依据之一。因此，以图形的方式表示进给路线，可为编程带来很大方便。

1) 粗加工进给路线的确定

矩形循环进给路线。利用数控系统的矩形循环功能，确定矩形循环进给路线。这种进给路线刀具切削时间最短，刀具损耗最小，为常用的粗加工进给路线，如图 1-19（a）所示。

三角形循环进给路线。利用数控系统的三角形循环功能，确定三角形循环进给路线。这种进给路线刀具总行程最长，一般只适用于单件小批量生产，如图 1-19（b）所示。

阶梯切削路线。当零件毛坯的切削余量较大时，可采用阶梯切削进给路线，在同样背吃刀量的条件下，加工后剩余量过多，不宜采用，如图 1-19（c）和图 1-20 所示。

2) 精加工进给路线的确定

各部位精度要求一致的进给路线，在多刀进行精加工时。最后一刀要连续加工，并且要合理确定进、退刀位置。尽量不要在光滑连接的轮廓上安排切入和切出或换刀及停顿，以免因切削力变化造成弹性变形，产生表面划伤、形状突变或滞留刀痕的缺陷。

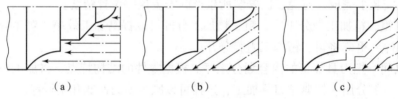

图 1-19 粗加工进给路线

(a) 矩形循环进给路线；(b) 三角形循环进给路线；(c) 阶梯切削路线

图 1-20 阶梯切削进给路线

(a) 外轮廓的加工；(b) 内轮廓的加工

（六）车削参数的选择

1. 加工余量的选择

加工余量是指毛坯实际尺寸与零件图纸尺寸之差，通常零件的加工要经过粗加工、精加工才能到达到图纸要求。因此，零件总的加工余量应等于中间工序加工余量之和。在选择加工余量时，要考虑以下几个因素：

（1）零件的大小不同，切削力、内应力引起的变形也不同，通常工件越大，变形也越大，所以工件的加工余量也相应地大一些。

（2）零件在热处理后要发生变形，因此，这类零件要适当增大一点加工余量。

（3）加工方法、装夹方式和工艺装备的刚性，也会引起零件的变形，所以也要考虑加工余量。

2. 切削用量的确定

切削用量主要包括主轴转速 n（切削速度 v_c）、进给量 f（进给速度 v_f）和背吃刀量 a_p，如图 1-21 所示。切削用量的大小，直接影响机床的性能、刀具磨损、加工质量和生产效率。合理选择切削用量，对于充分发挥机床性能和切削性能，提高切削效率，降低加工成本具有重要意义。

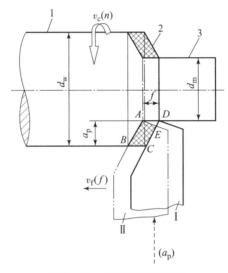

图 1-21 切削用量的表示

1）背吃刀量 a_p 的确定

背吃刀量的选择应根据加工余量确定，主要受机床、刀具和工件系统刚度的制约，在系统刚度允许的情况下，尽量选择较大的被吃刀量。粗加工时，在不影响加工精度的条件下，可使被吃刀量等于零件的加工余量，这样可以减少走刀次数。精加工 $Ra=0.32\sim1.25~\mu m$ 时，背吃刀量可取 $0.2\sim0.4~mm$。

在工件毛坯加工余量很大或余量不均匀的情况下，粗加工要分几次进给，这时前几次进给的背吃刀量应取得大一些。

2）主轴转速 n 的确定

（1）光车时的主轴转速。主轴转速要根据机床和刀具允许的切削速度来确定，可以用计算法或查表法来选取。切削速度确定之后，主轴转速计算如下：

$$n = \frac{1\,000 v_c}{\pi D}$$

式中　n——主轴转速，r/min；

　　　v_c——切削速度，m/min；

　　　D——工件直径，mm。

在确定主轴转速时,还应考虑以下几点:应尽量避开产生积屑瘤的速度区域;间断切削时,应适当降低转速;加工大件、细长工件和薄壁件时,应选择低转速;加工带外皮的工件时,应适当降低速度。

(2) 车螺纹时的主轴转速。在切削螺纹时,车床的主轴转速将受螺纹的螺距、电机调速和螺纹插补运算等因素的影响,转速不能过高。通常主轴转速计算如下:

$$n = \frac{1\,200}{P} - K$$

式中　n——主轴转速,r/min;

　　　P——螺纹的导程,mm;

　　　K——安全系数,一般取 80。

3) 进给速度 f 的确定

进给速度是指在单位时间内,刀具沿进给方向移动的距离,单位为 mm。

进给速度要根据零件的加工精度、表面粗糙度、刀具和工件的材料来选择,受机床刀具、工件系统刚度和进给驱动及控制系统的限制。

各切削参数的确定根据实际情况查表 1-4 ~ 表 1-6 所得。

表 1-4　硬质合金外圆车刀切削速度的参考值

工件材料	热处理状态	$a_p = 0.3 \sim 2$ mm $f = 0.08 \sim 0.3$ mm·r^{-1} $v_c/(\text{m·min}^{-1})$	$a_p = 2 \sim 6$ mm $f = 0.3 \sim 0.6$ mm·r^{-1} $v_c/(\text{m·min}^{-1})$	$a_p = 6 \sim 10$ mm $f = 0.6 \sim 1$ mm·r^{-1} $v_c/(\text{m·min}^{-1})$
低碳钢 易切钢	热轧	140 ~ 180	100 ~ 120	70 ~ 90
中碳钢	热轧 调质	130 ~ 160 100 ~ 130	90 ~ 110 70 ~ 90	60 ~ 80 50 ~ 70
合金结构钢	热轧 调质	100 ~ 130 80 ~ 110	70 ~ 90 50 ~ 70	50 ~ 70 40 ~ 60
工具钢	退火	90 ~ 120	60 ~ 80	50 ~ 70
灰铸铁	HBS < 190 HBS = 190 ~ 225	90 ~ 120 80 ~ 110	60 ~ 80 50 ~ 70	50 ~ 70 40 ~ 60
高锰钢 WMn 13%	—		10 ~ 20	
铜及铜合金	—	200 ~ 250	120 ~ 180	90 ~ 120
铝及铝合金	—	300 ~ 600	200 ~ 400	150 ~ 200
铸铝合金 WS$_i$ 13%	—	100 ~ 180	80 ~ 150	60 ~ 100

项目一 模具零件的数控车削加工

表 1-5 按表面粗糙度选择进给量的参考值

工件材料	表面粗糙度 $Ra/\mu m$	切削速度范围 $v_c/(m\cdot min^{-1})$	刀尖圆弧半径 r_ε/mm		
			0.5	1.0	2.0
			进给量 $f/(mm\cdot r^{-1})$		
铸铁、青铜、铝合金	5~10	不限	0.25~0.40	0.40~0.50	0.50~0.60
	2.5~5		0.15~0.25	0.25~0.40	0.40~0.60
	1.25~2.5		0.10~0.15	0.15~0.20	0.20~0.35
碳钢及合金钢	5~10	<50	0.30~0.50	0.45~0.60	0.55~0.70
		>50	0.40~0.55	0.55~0.65	0.65~0.70
	2.5~5	<50	0.18~0.25	0.25~0.30	0.30~0.40
		>50	0.25~0.30	0.30~0.35	0.30~0.50
	1.25~2.5	<50	0.10	0.11~0.15	0.15~0.22
		50~100	0.11~0.16	0.16~0.25	0.25~0.35
		>100	0.16~0.20	0.20~0.25	0.25~0.35

注：$r_\varepsilon=0.5$ mm，用于 12 mm×12 mm 以下刀杆；$r_\varepsilon=1.0$ mm，用于 30 mm×30 mm 以下刀杆；$r_\varepsilon=2.0$ mm，用于 30 mm×45 mm 及以上刀杆。

表 1-6 硬质合金车刀粗车外圆及端面的进给量

工件材料	车刀刀杆尺寸 $B\times H/$ mm×mm	工件直径 d_w/mm	背吃刀量 a_p/mm				
			≤3	3~5	5~8	8~12	>12
			进给量 $f/(mm\cdot r^{-1})$				
碳素结构钢、合金结构钢及耐热钢	16×25	20	0.3~0.4	—	—	—	—
		40	0.4~0.5	0.3~0.4	—	—	—
		60	0.5~0.7	0.4~0.6	0.3~0.5	—	—
		100	0.6~0.9	0.5~0.7	0.5~0.6	0.4~0.5	—
		400	0.8~1.2	0.7~1.0	0.6~0.8	0.5~0.6	—
	20×30 25×25	20	0.3~0.4	—	—	—	—
		40	0.4~0.5	0.3~0.4	—	—	—
		60	0.5~0.7	0.5~0.7	0.4~0.6	—	—
		100	0.8~1.0	0.7~0.9	0.5~0.7	0.4~0.7	—
		400	1.2~1.4	1.0~1.2	0.8~1.0	0.6~0.9	0.4~0.6

续表

工件材料	车刀刀杆尺寸 $B \times H$/mm×mm	工件直径 d_w/mm	背吃刀量 a_p/mm				
			≤3	3~5	5~8	8~12	>12
			进给量 $f/(mm \cdot r^{-1})$				
铸铁及铜合金	16×25	40	0.4~0.5	—	—	—	—
		60	0.5~0.8	0.5~0.8	0.4~0.6	—	—
		100	0.8~1.2	0.7~1.0	0.6~0.8	0.5~0.7	—
		400	1.0~1.4	1.0~1.2	0.8~1.0	0.6~0.8	—
	20×30 25×25	40	0.4~0.5	—	—	—	—
		60	0.5~0.9	0.5~0.8	0.4~0.7	—	—
		100	0.9~1.3	0.8~1.2	0.7~1.0	0.5~0.8	—
		400	1.2~1.8	1.2~1.6	1.0~1.3	0.9~1.1	0.7~0.9

注：1. 加工断续表面及有冲击的工件时，表内进给量应乘以系数 $k=0.75~0.85$；

2. 在无外皮加工时，表内进给量系数应乘以 $k=1.1$；

3. 加工耐热钢及其合金时，进给量不应大于 1 mm/r；

4. 加工淬硬钢时，进给量应减小。当钢的硬度为 44~56 HRC 时，乘以系数 $k=0.8$；当钢的硬度为 57~62 HRC 时，乘以系数 $k=0.5$。

（七）程序结构

程序结构如图 1-22 所示。

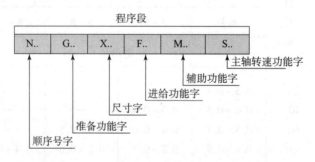

图 1-22 程序结构

1. 顺序号字 N

顺序号又称程序段号或程序段序号。顺序号位于程序段之首，由顺序号字 N 和后续数字组成。顺序号字 N 是地址符，后续数字一般为 1~4 位的正整数。数控加工中的顺序号实际上是程序段的名称，与程序执行的先后次序无关。数控系统不是按顺序号的次序来执行程序，而是按照程序段编写时的排列顺序逐段执行。

顺序号的作用：对程序的校对和检索修改；作为条件转向的目标，即作为转向目程序段的名称。有顺序号的程序段可以进行复归操作，这是指加工可以从程序的中间开始，或回到程序中断处开始。

一般使用方法：编程时将第一程序段冠以 N10，以后以间隔 10 递增的方法设置顺序号。这样，在调试程序时，如果需要在 N10 和 N20 之间插入程序段时，就可以使用 N11、N12 等。

2. 准备功能字 G

准备功能用于指令机床各坐标轴运动。有两种代码：一种是模态代码，一旦指定将一直有效，直到被另一个模态码取代；另一种是非模态码，只在本程序段中有效。本书中 G 的功能如表 1-7 所示。

表 1-7 准备功能 G 的功能

G 代码			功 能	G 代码			功 能
A	B	C		A	B	C	
G00	G00	G00	*快速定位	G70	G70	G72	精加工循环
G01	G01	G01	直线插补	G71	G71	G73	外径/内径粗车复合循环
G02	G02	G02	顺时针圆弧插补	G72	G72	G74	端面粗车复合循环
G03	G03	G03	逆时针圆弧插补	G73	G73	G75	轮廓粗车复合循环
G04	G04	G04	暂停	G74	G74	G76	排屑钻端面孔（沟槽加工）
G10	G10	G10	可编程数据输入	G75	G75	G77	外径/内径钻孔循环
G11	G11	G11	可编程数据输入方式取消	G76	G76	G78	多头螺纹复合循环
G20	G20	G70	英制输入	G80	G80	G80	固定钻循环取消
G21	G21	G71	*米制输入	G83	G83	G83	钻孔循环
G27	G27	G27	返回参考点检查	G84	G84	G84	攻丝循环
G28	G28	G28	返回参考点位置	G85	G85	G85	正面镗循环
G32	G33	G33	螺纹切削	G87	G87	G87	侧钻循环
G34	G34	G34	变螺距螺纹切削	G88	G88	G88	侧攻丝循环
G36	G36	G36	自动刀具补偿 X	G89	G89	G89	侧镗循环
G37	G37	G37	自动刀具补偿 Z	G90	G77	G20	外径/内径自动车循环
G40	G40	G40	*取消刀具尖径补偿	G92	G78	G21	螺纹自动车削循环
G41	G41	G41	刀尖半径左补偿	G94	G79	G24	端面自动车削循环
G42	G42	G42	刀尖半径右补偿	G96	G96	G96	恒表面切削速度控制
G50	G92	G92	坐标系、主轴最大速度设定	G97	G97	G97	恒表面切削速度控制取消
G52	G52	G52	局部坐标系设定	G98	G94	G94	每分钟进给
G53	G53	G53	机床坐标系设定	G99	G95	G95	*每转进给

续表

G代码			功 能	G代码			功 能
A	B	C		A	B	C	
G54~G59			选择工件坐标系 1~6	G90		G90	绝对值编程
G65	G65	G65	调用宏程序	G91		G91	增量值编程

注：1. 表中的指令分为 A、B、C 三种类型，其中 A 类指令常用于 CNC（计算机数字控制机床），B、C 两类指令常用于数控铣床或加工中心，故本章介绍的是 A 类 G 功能。

2. 指令字分为若干组别，其中 00 组为非模态指令，其他组别为模态指令。所谓模态指令，是指这些 G 代码不只在当前的程序段中起作用，而且在以后的程序段中一直起作用，直到有其他指令取代它为止。非模态指令则是指某个指令只是在出现这个指令的程序段内有效。

3. 同一组的指令能互相取代，后出现的指令取代前面的指令。因此，同一组的指令如果出现在同一程序段中，最后出现的那一个才是有效指令。一般来讲，同一组的指令出现在同一程序段中是没有必要的。例如，若有这样一个程序段：G01　G00　X120　F100；则刀具将快速定位到 X 坐标为 120 的位置，而不是以 100 mm/min 走直线到 X 坐标为 120 的位置。

4. 表中带"*"号的功能是指数控机床开机上电或按了 RESET 键后，即处于这样的功能状态。这些预设的功能状态，是由系统内部的参数设定的，一般都设定成如表 1-7 所示的状态。

除了 FANUC 系统外，目前市场上应用较广的还有 SIEMENS（德国）、FAGOR（西班牙）、HEIDENHAIN（德国）、MITSUBISHI（日本）等公司生产的数控系统，这些数控系统在目前的市场中占据主导地位。我国生产数控系统主要有 HNC（华中数控）、CASNUC（航天数控）等，这些数控系统也具有较高的性能。

3. 尺寸字 X

尺寸字用于确定机床上刀具运动终点的坐标位置。其中，第一组 X、Y、Z、U、V、W、P、Q、R 用于确定终点的直线坐标尺寸；第二组 A、B、C、D、E 用于确定终点的角度坐标尺寸；第三组 I、J、K 用于确定圆弧轮廓的圆心坐标尺寸。在一些数控系统中，还可以用 P 指令暂停时间、用 R 指令圆弧的半径等。

多数数控系统可以用准备功能字来选择坐标尺寸的制式，如 FANUC 诸系统可用 G21/G22 来选择米制单位或英制单位，也有些系统用系统参数来设定尺寸制式。采用米制时，一般单位为 mm，如 X100 指令的坐标单位为 100 mm。当然，一些数控系统可通过参数来选择不同的尺寸单位。

4. 进给功能字 F

进给功能字的地址符是 F，又称 F 功能或 F 指令，用于指定切削的进给速度。一般 F 后面的数据直接指定进给速度，但是速度的单位有两种：一种是单位时间内刀具移动的距离（mm/min）；另一种是工件每旋转一圈，刀具移动的距离（mm/r）。具体是何种单位，由 G98 和 G99 指令决定，前者指定 F 的单位为 mm/min，后者指定 F 的单位为 mm/r，两者都是模态指令，可以相互取代，如果某一程序没有指定 G98 或 G99 中的任何指令，则系统会默认一个，具体默认的是哪一个指令，由数控系统的参数决定，常用单位为 mm/min。F 指令在螺纹切削程序段中常用来指令螺纹的导程。

5. 主轴转速功能字 S

主轴转速功能字的地址符是 S，又称 S 功能或 S 指令，用于指定主轴转速。S 后的数字即为主轴转速，单位 r/min。例如，M03 S1200 表示程序命令机床，使其主轴以每分钟 1 200 转的转速转动。

在具有恒线速功能的机床上，S 功能指令还有如下作用：

（1）最高转速限制

指令格式：G50 S___；

S 后面的数字表示的是最高转速（r/min）。

例：G50 S3000 表示最高转速限制为 3 000 r/min。该指令能防止因主轴转速过高，离心力太大而产生危险及影响机床寿命。

（2）恒线速控制

指令格式：G96 S___；

S 后面的数字表示的是恒定的线速度（m/min）。

例：G96 S150 表示切削点线速度控制在 150 m/min。

恒线速度时的转速计算对图 1 - 23 中所示的零件，为保持 A、B、C 各点的线速度在 150 m/min，则各点在加工时的主轴转速分别为

$A: n = 1\ 000 \times 150 \div (\pi \times 40) \approx 1\ 194(\text{r/min})$

$B: n = 1\ 000 \times 150 \div (\pi \times 50) \approx 955(\text{r/min})$

$C: n = 1\ 000 \times 150 \div (\pi \times 70) = 682(\text{r/min})$

（3）恒线速取消

指令格式：G97 S___；

S 后面的数字表示恒线速度控制取消后的主轴转速，如 S 未指定，将保留 G96 的最终值。

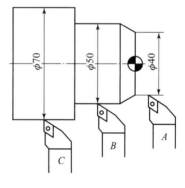

图 1 - 23 恒线速度时的转速计算

例：G97 S3000 表示恒线速控制取消后主轴转速为 3 000 r/min。

6. 刀具功能字 T

刀具功能也称 T 功能，在数控车床上时行加工时，需尽可能采用工序集中的方法安排工艺。因此，往往在一次装夹下需要完成粗车、精车、车螺纹、切槽等多道工序。这时，需要对加工中用到的每一把刀分配一个刀具号（由刀具在刀座上的位置决定），通过程序来指定所需要的刀具，机床就选择相应的刀具。

指令格式：T××××；

T 后面接四位数字，前两位表示刀具号，后两位为补偿号。如果前两位数为 00，表示不换刀；后两位数字为 00，表示取消刀具补偿。

例如：

T0414 表示换成四号刀，十四号补偿。

T0005 表示不换刀，采用五号补偿。

T0100 表示换成一号刀，取消刀具补偿。

一般来讲，用多少号刀，其补偿值就放在多少号补偿中。

什么是补偿呢？如图 1-24 所示，以最简单的四方刀架为例。

设刀架上装有两把刀，1 号刀具刀位点在 A 处，当 2 号刀换刀至 1 号刀位置时，其刀位点处于 B 的位置，一般来讲，A、B 两点的位置是不重合的。换刀后，刀架并没有移动（如果没有补偿），也就是说，此时数控系统显示的坐标没有发生变化，实际上并不需要它发生变化。这时，需要将 B 点移到与 A 点重合的位置，同时保持系统坐标不变。如何做到这一点。数控系统是通过补偿来实现的，事先将 A、B 两点间的坐标差 ΔX、ΔZ 测量出来，输入到数控系统中保存起来，

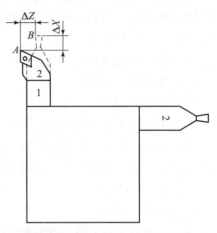

图 1-24　刀具位置补偿示意

当 2 号刀换到 1 号刀的位置上后，数控系统发出指令，让刀架移动 ΔX、ΔZ 的距离，使 B 点和 A 点重合，同时保持系统的坐标数值不变。这种补偿称为刀具位置补偿。车床数控系统中，除了刀具位置补偿外，还有刀具半径补偿。这些补偿值由机床操作人员测量出来后输入到数控系统中存储起来，然后由数控程序在换刀时调用相应的补偿号即可。

当机床进行加工时，必须选择适当的刀具。给每个刀具赋给一个编号，在程序中指令不同的编号时，就选择相应的刀具。T 功能用于选择刀具号，其范围是 T00～T99。当机床换刀时要配合辅助功能 M06 使用。例如，要调用放在 ATC 的 2 号位刀具时，通过指令 M06　T02 就可以调用该刀具。

7. 辅助功能字 M

辅助功能字的地址符是 M，后续数字一般为 1～3 位正整数，又称 M 功能或 M 指令，用于指定数控机床辅助装置的开关动作。

1）M00 程序停止

数控程序中，若使用 M00 指令，当程序运行过程中执行到 M00 指令时，整个程序停止运行，主轴停止、切削液关闭，若要使程序往下执行，只需要按一下数控机床操作面板上的循环（CYCLE　START）启动键即可。这一指令一般可用于程序调试、工件首件试切削时检查工件加工质量及精度等需要让主轴暂停的场合，也可用于经济型数控车床转换主轴转速时的暂停。

2）M01 条件程序停止

M01 指令和 M00 指令类似，所不同的是，M01 指令使程序停止执行是有条件的，它必须和数控机床操作面板上的选择性停止键（OPT　STOP）一起使用。若该键按下，指示灯亮时，则执行到 M01 时，功能与 M00 相同；若不按该键，指示灯熄灭，则执行到 M01 时，程序也不会停止，而是继续往下执行。

3）M02 程序结束

M02 指令往往用于一个程序的最后一个程序段，表示程序结束。此指令自动将主轴停止、切削液关闭，程序指针（可以认为是光标）停留在程序的末尾，不会自动回到程序的开头。

一般情况一个程序段仅能指定一个 M 代码，有两个以上 M 代码时，最后一个 M 代码有效。

4）M03 主轴正转

程序执行至 M03 指令，主轴即正方向旋转（由尾座向主轴看时，逆时针方向旋转）。一般转塔式刀座，大多采用刀顶面朝下安装车刀，故用该指令。

5）M04 主轴反转

程序执行至 M04 指令，主轴即反方向旋转（由尾座向主轴看时，顺时针方向旋转）。

6）M05 主轴停止

程序执行至 M05 指令，主轴即停止，M05 指令一般用于以下几种情况：

（1）程序结束前（常可省略，因为 M02 和 M30 指令都包含 M05）。

（2）数控车床主轴换挡时，若数控车床主轴有高速挡和低速挡指令时，在换挡之前，必须使用 M05 指令，使主轴停止，以免损坏换挡机构。

（3）主轴正、反转之间的转换，也必须使用 M05 指令，使主轴停止后，再用转向指令进行转向，以免伺服电动机受损。

7）M08 冷却开

程序执行至 M08 指令时，启动冷却泵，但必须配合执行操作面板上的 CLNT AUTO 键，使它的指示灯处于"ON"（灯亮）的状态，否则无效。

8）M09 冷却关

M09 指令用于将切削液关闭，当程序运行至该指令时，冷却泵关闭，停止喷切削液。这一指令通常可省略，因为 M02、M30 指令都具有停止冷却泵的功能。

9）M30 程序结束并返回程序头

M30 指令功能与 M02 指令一样，也是用于整个程序结束。它与 M02 指令的区别是，M30 指令使程序结束后，程序指针自动回到程序的开头，以方便下一程序的执行，其他方面的功能与 M02 一样。

10）M98 调用子程序

程序运行至 M98 指令时，即跳转到该指令所指定的子程序中执行。

指令格式：M98 P___ L___；

格式中　P——指定子程序的程序号；

　　　　L——调用子程序的次数，如果只有一次，则可省略。

11）M99 子程序结束返回/重复执行

M99 指令用于子程序结束，也就是子程序的最后一个程序段。当子程序运行至 M99 指令时，系统计算子程序的执行次数：如果没有达到主程序编程指定的次数，则程序指针回到子程序的开头继续执行子程序；如果达到主程序编程指定的次数，则返回主程序中 M98 指令的下一程序段继续执行。

M99 也可用于主程序的最后一个程序段,此时程序执行指针会跳转到主程序的第一个程序段继续执行,不会停止,也就是说程序会一直执行下去,除非按下 RESET 键,程序才会中断执行。

使用 M 功能指令时,一个程序段中只允许出现一个 M 指令。若出现两个,则后出现的那一个有效,前面的 M 功能指令被忽略。

例:G97　S2000　M03　M08 程序段在执行时,冷却液会打开,但主轴不会正转。

程序段是可作为一个单位来处理的、连续的字组,是数控加工程序中的一条语句。一个数控加工程序是由若干个程序段组成的。

程序段格式是指程序段中的字、字符和数据的安排形式。现在一般使用字地址可变程序段格式,每个字长不固定,各个程序段中的长度和功能字的个数都是可变的。地址可变程序段格式中,在上一程序段中写明的、本程序段里又不变化的那些字仍然有效,可以不再重写。这种功能字称为续效字。

程序段格式举例:

N30 G01 X88.1 Y30.2 F500 S3000 T02 M08

N40 X90(本程序段省略了续效字 "G01、Y30.2、F500、S3000、T02、M08",但它们的功能仍然有效)

在程序段中,必须明确组成程序段的各要素:

移动目标:终点坐标值 X、Y、Z。

沿怎样的轨迹移动:准备功能字 G。

进给速度:进给功能字 F。

切削速度:主轴转速功能字 S。

使用刀具:刀具功能字 T。

机床辅助动作:辅助功能字 M。

加工程序的一般格式如下:

01000　　　　　　　　　　　　　　　　//程序名

N10 G00 G54 X50 Y30 M03 S3000;

N20 G01 X88.1 Y30.2 F500 T02 M08;

N30 X90;　　　　　　　　　　　　　　// 程序主体

……

N300 M30;　　　　　　　　　　　　　// 结束指令

(八)相关编程指令

1. 工件坐标系的设定

在编程之前,一般首先确定工件原点,在 FANUC 数控车床系统中,设定工件坐标系常用的指令是 G50。从理论上来讲,车削工件的工件原点可以设定在任何位置,但为了编程计算方便,编程原点常设定在工件的右端面或左端面与工件中心线的交点处。

工件坐标系设定如图 1-25 所示。

例：

指令格式：G50　X＿＿＿　Z＿＿＿；

格式中　X、Z——当前刀尖（刀位点）起始点相对于工件原点的 X 方向和 Z 方向坐标，X 值常用直径值来表示。

如图 1-25 所示，假设刀尖点相对于工件原点的 X 向尺寸和 Z 向尺寸分别为 128.7（直径值）和 375.1，则此时坐标设定指令为

　　　　G50　X128.7　Z375.1；

执行上述程序段后，数控系统会将这两个值存储在它的位置寄存器中，并且显示在显示

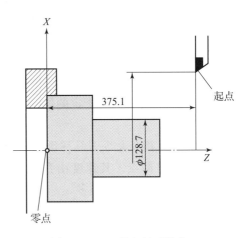

图 1-25　工件坐标系设定

器上，这样就相当于在数控系统中建立了一个以工件原点为坐标原点的工件坐标系，也称编程坐标系。

显然，如果当前刀具位置不同，所设定的工件坐标系也不同，即工件原点也不同。因此，数控机床操作人员在程序运行前，必须通过调整机床，将当前刀具移到确定的位置，这一过程就是对刀。对刀要求不一定十分精确，如果有误差，可通过调整刀具补偿值来满足精度要求。

2. G90、G91 绝对编程与增量编程指令

所谓绝对编程，即指程序中每一点的坐标都从工件坐标系的坐标原点开始计算，而增坐标是指后一点的坐标相对于前一点来计算，即后一点的绝对坐标值减去前一点的绝对坐标值得到的增量。相应地，用绝对坐标值或增量坐标值进行编程的方法分别称为绝对编程或增量编程。

数控车床的绝对编程与增量编程指令通常有以下两种形式：

（1）用 G90 和 G91 指定绝对编程与增量编程。

这两个指令在 FANUC 系统 B、C 两类指令中用到，A 类指令中的 G90 另有用途，其编程格式为

　　　　　　　　　　G90/G91；

格式中　G90 指定绝对编程；

　　　　G91 指定增量编程。

（2）用尺寸字母区别绝对编程与增量编程。

用这种方法指定绝对编程与增量编程时比较方便，如果尺寸字为 X、Z 值，则其后的坐标为绝对坐标；如果尺寸字为 U、W，则其后的坐标为增量坐标。

3. 刀具移动指令 G00~G03

1）G00 快速点定位指令

指令格式：G00　X(U)＿＿＿　Z(W)＿＿＿；

格式中　X(U)、Z(W)——移动终点，即目标点的坐标，X、Z 为绝对坐标，U、W 为增量坐标。

G00 刀具轨迹示意图如图 1-26 所示。

功能：指令刀具以机床给定的较快速度从当前位置移动到 X(U)、Z(W) 指定的位置。

说明：

(1) G00 指令命令刀具移动时，以点位控制方式快速移动到目标点，其速度由数控系统的参数给定，往往比加式时的速度快得多。

(2) G00 只是命令刀具快速移动，并无轨迹要求，在移动时，多数情况下运动轨迹为一条折线，刀具在 X、Z 两个方向上以同样的速度同时移动，距离较短的那个轴先走完，然后再走剩下的一段。如图 1-26 所示，使用 G00 命令刀具从 A 点走到 B 点，真正的走刀轨迹为 A-C-B 折线，使用这一指令时一定要注意这一点，否则刀具和工件及夹具容易发生碰撞。

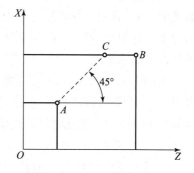

图 1-26　G00 刀具轨迹示意图

(3) G00 指令不能用于加工工件，只能用于将刀具从离工件较远的位置移到离工件较近的位置或从工件上移开，将刀具移近工件时一般不能直接移到工件上，以免撞坏刀具，而是移到离工件表面 1~2 mm 的位置，以便下一步加工。

例：写出图 1-27 的走刀指令。

G90 G00 X40 Z56（绝对指令）或 G91 G00 U-60 W-30.5（增量指令）

2) G01 直线插补指令

指令格式：G01　X(U)＿＿　Z(W)＿＿　F＿＿

格式中　X(U)、Z(W)——加工目标点的坐标，X、Z 为绝对坐标，U、W 为增量坐标；

F——加工时的进给速度或进给量。

功能：指令刀具以程序给定的速度从当前位置沿直线加工到目标位置。

说明：

(1) G01 指令用于零件轮廓形状为直线时的加工，加工速度、背吃刀量等切削参数由编程人员根据加工工艺给定。

(2) 给定加工速度 F 的单位有两种，如前所述。

例：写出图 1-28 的走刀指令。

G90 G01 X40 Z20.1 F20（绝对指令）或 G91 G01 U20 W-25.9 F20（增量指令）

G01 指令除了加工外圆之外，还可以进行切槽、倒角、加工锥度、车削内孔零件等，下面分别予以介绍。

(1) 切槽。如图 1-29 所示，比上例中的零件多一道 3 mm 宽的槽，则只需要在切断之前、程序段 N120 与 N130 之间安排如下的程序，即可完成切槽加工。

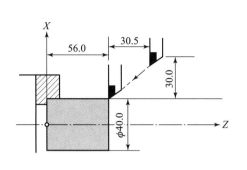

图 1-27 G00 编程举例

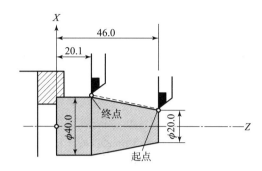

图 1-28 G01 编程举例

N122　G00 X62 Z20;　　　　　　　　进刀
N124　G01 X50　F50;　　　　　　　　切槽
N126　G04 P200;　　　　　　　　　　暂停
N128　G00 X62;　　　　　　　　　　　退刀

（2）倒角。如图 1-30 所示，车削一个倒角，刀具从 A-B-C 进行加工，B 点距离端面 2 mm，C 点距离外圆柱面 1 mm（单边），则坐标为 B（26，32）、C（36，27），这一段程序如下：

G00　X26　Z32;　　　　　　　　A 至 B
G01　X36　Z27;　　　　　　　　B 至 C
G00　X50　Z50;　　　　　　　　C 至 A

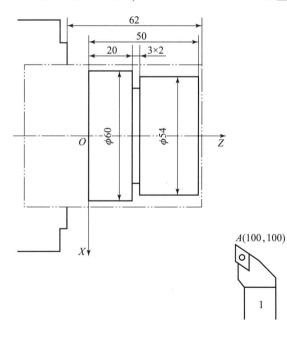

图 1-29 切槽

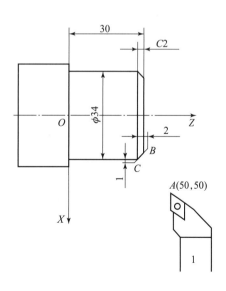

图 1-30 加工倒角示意图

（3）锥度切削。锥度切削需进行一定量的计算，过程并不复杂，只需用于初等几何

知识即可算出。如图1-31所示的锥度零件,需要加工,计算过程如下:

锥度端直径为40 mm,小端直径为20 mm,两者之差20 mm,单边差10 mm。分两次车削完成,每次单边削5 mm。起始切削位置 B、E 距离端面2 mm,切削结束位置距离外圆柱面1 mm。根据三角形关系,可计算出 $DB = 6.5$ mm,$BE = 5.5$ mm,$DC = 13$ mm,$CF = 11$ mm。进一步计算出各点坐标 $B(29,22)$、$C(42,9)$、$D(42,22)$、$E(18,22)$、$F(42,-2)$,这里 X 均为直径量。程序如下:

```
G00   X29 Z22;              A 至 B
G01   X42 Z9 F200;          B 至 C
G00   Z22;                  C 至 D
      X18;                  B 至 E
G01   X42 Z-2;              E 至 F
G00   X50 Z50;              F 至 A
```

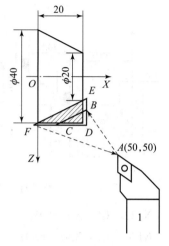

图1-31 锥度切削

(4) 内孔加工。如图1-32所示工件,给定材料外径 $\phi36$,内径 $\phi20$,编写车削内孔 $\phi24$ 的程序。

选用镗孔刀进行车削,由于余量只有4 mm,故一刀车削完成,零件编程坐标系如图1-32所示,程序如下:

```
G00   X24 Z2;
G01   Z-19;
G00   X20 Z3;
      X50 Z50;
```

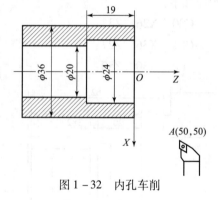

图1-32 内孔车削

3) G02/G03 圆弧插补指令

指令格式:G02/G03 X(U)___ Z(W)___ I___ K___ F___ 或 G02/G03 X(U)___ Z(W)___ R___ F___;

格式中 X(U)、Z(W)——圆弧终点的坐标值,增量编程时,坐标为圆弧终点相对圆弧起点的坐标增量;

    I、K——圆心相对于圆弧起点的坐标增量,I 为 X 方向的增量,K 为 Z 方向的增量;

    R——圆弧半径;

    F——进给速度或进给量。

说明:

(1) G02 为顺时针方向的圆弧插补,G03 是逆时针方向的圆弧插补,所谓顺时针或逆时针,可按下面的方法来判别。

一般数控车床的圆弧，都是 XOZ 坐标面内的圆弧。判断是顺时针方向圆弧插补还是逆时针方向的圆弧插补，应从与该坐标平面构成笛卡儿坐标系的 Y 轴的正方向沿负方向看，如果圆弧起点到终点为顺时针方向，这样的圆弧加工时用 G02 指令，反之，如果圆弧起点到终点为逆时针方向，则用 G03 指令，如图 1-33 所示。

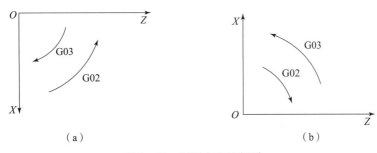

图 1-33 圆弧方向的判别
(a) 前刀座数控车床中的圆弧；(b) 后刀座数控车床的圆弧

（2）圆弧插补有两种编程方式：一种是用 I 和 K 来表示圆心位置，另一种是用 R 来表示圆弧半径。

用 I 和 K 表示圆心位置时，是指圆心相对于圆弧起点的坐标增量，即圆心绝对坐标与圆弧起点的绝对坐标之差，这两个值始终这样计算，与绝对编程和增量编程无关。其中，I 与 X 一样，也有直径编程和半径编程的区别，一般用直径编程。圆心位置的表示如图 1-34 所示。

例：写出图 1-35 的走刀指令。
G02 X50 Z50 R25 F0.3 或 G02 U20 W-20 R25 F0.3

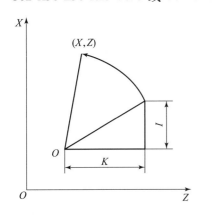
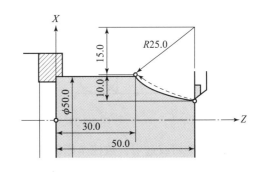

图 1-34 圆心位置的表示　　　　图 1-35 圆弧插补编程举例

对数控车床来讲，用 R 来表示圆弧半径的编程方法比较简单，在编程过程中不需要计算太多，所以经常用这种方法。R 后面的数值有正负之分，以区别圆心位置。如图 1-36 所示，当圆弧所对的圆心角 α≤180°时，圆弧半径取正值，反之 R 取负值。图中从 A 点到 B 点的圆弧有两段，半径相同。若需要表示圆心位置在 O_1 时，半径值取正值；若需要表示圆心位置在 O_2 时，半径取负值。在数控车床中，半径值多数取正值。

4. 刀尖半径补偿指令

1) 刀具半径补偿的含义

在数控加工过程中，为了提高刀尖的强度，降低加工表面的粗糙度，将刀尖制成圆弧过渡，如图 1-37 所示。刀尖半径通常有 0.2 mm、0.4 mm、0.6 mm、0.8 mm、1.0 mm等。如果为圆弧形刀尖，在对刀时就会成一个假想的刀尖，如图 1-37 中的 P 点。

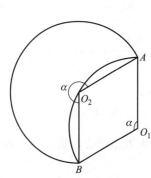

图 1-36 用圆弧半径来表示　　　　图 1-37 假想的刀尖

在编程过程中，实际上是按假想刀尖的轨迹来走刀的，即在刀具运动过程中，实际上是图中的 P 点在沿着工件轮廓运动。这样的刀尖运动，车削外圆、端面、内孔时，不会影响其尺寸，但是，如果加工锥面、圆弧面时就会产生少切或过切，如图 1-38 所示。

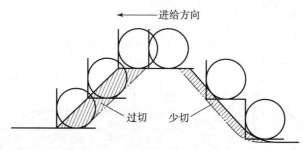

图 1-38 刀尖圆弧造成少切或过切

为了避免少切或过切，数控车床的数控系统中引入半径补偿。所谓半径补偿是指事先将刀尖半径值输入数控系统，在编程时指明所需要的半径补偿方式。数控系统在刀具运动过程中，根据操作人员输入的半径值及加工过程中所需要的补偿，进行刀具运动轨迹的修正，使之加工出所需要的轮廓。

2) 刀具半径补偿指令 G41、G42、G40

刀具半径补偿的指令有三个：G41 为刀具半径左补偿，G42 为刀具半径右补偿，G40 为取消刀具半径补偿。判断是用刀具半径左补偿还是刀具半径右补偿的方法如下：将工件与刀具置于机床坐标系平面内，观察者站在与坐标平面垂直的第三个坐标的正方向位置,顺着刀具运动方向看,如果刀具处于工件左侧,则用刀具半径左补偿,即 G41;如果刀具位于工件右侧,则用刀具半径右补偿,即 G42。

5. 复合循环指令——G71 内径/外径粗车复合循环

前面所介绍的 G00~G03、G32 等指令,每个指令只是命令刀具完成一个加工动作。为提高编程效率,缩短程序长度,减少程序所占内存,各类数控系统均采用循环指令,将多个动作集中用一条指令完成。FANUC 数控系统车床的循环指令有单一循环指令和复合循环指令,在实际生产中,一般采用复合循环指令编程,因此本节仅介绍常用的轮廓复合循环指令 G71、G70。FANUC 数控系统的复合循环有两种编程格式:一种是用两个程序段完成粗加工,另一种是用一个程序段完成粗加工。具体用哪一种格式,取决于所采用的数控系统。

1) G71 内径/外径粗车复合循环

指令格式一: G71　U(Δd)R(e)

　　　　　　　G71　P(ns)Q(nf)U(Δu)W(Δw)F(f)S(s)T(t)

指令格式二: G71　P(ns)Q(nf)U(Δu)W(Δw)D(Δd)F(f)S(s)T(t)

格式中　Δd——粗车时每一刀切削时的背吃刀量,即 X 轴方向的进刀,以半径值表示,一定为正值;

　　　　e——粗车时,每一刀切削完成后在 X 轴方向的退刀量;

　　　　ns——精加工形状程序的第一个程序段段号;

　　　　nf——精加工形状程序的最后一个程序段段号;

　　　　Δu——粗车时,X 轴方向的切除余量(半径值);

　　　　Δw——粗车时,Z 轴方向的切除余量;

　　　　f——粗车时的进给速度或进给量;

　　　　s——粗车时的主轴转速;

　　　　t——粗车时的刀具。

说明:

(1) G71 循环过程如图 1-39 所示,刀具起点位于 A,循环开始时由 A-B 为留精车余量,从 B 点开始,进刀 Δd 的深度至 C,然后切削,碰到给定零件轮廓后,沿 45°方向退出,当 X 方向的退刀量等于给定量 e 时,沿水平方向退出至 Z 向坐标与 B 相等的位置,接着再进刀切削第二刀……如此循环,加工到最后一刀时,刀具沿着留精车余量后的轮廓切削至终点,最后返回起点 A。

(2) G71 循环中,F 指定的速度是指切削的速度,其他过程如进刀、退刀、返回等的速度均为快速进给的速度。

(3) FANUC 有的数控系统中,由 ns 指定的程序段只能编写 G00　X(U)___或 G01　X(U)___,不能有 Z 轴方向的移动,这样的循环称为 I 类循环,而有的数控系统没有这个限制,称为 II 类循环。同样,对于零件轮廓,I 类循环要求零件轮廓形状只能逐渐递增(或递减),也就是说形状轮廓不能有凹坑,而 II 类循环允许有一个坐标轴方向出现增减方向的改变。

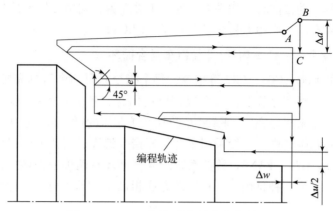

图 1-39 G71 内径/外径粗车复合循环

（4）格式中的 S、T 功能如在 G71 指令所在的程序段中已经设定，则可省略，格式二中没有每次切削后的退刀量，此值由数控系统设定。

（5）ns 与 nf 之间的程序段中设定的 F、S 功能在粗车时无效。

2）G70 轮廓精加工循环

指令格式：G70 P(ns)Q(nf)F(f)S(s)；

说明：

（1）在 FANUC 各种数控系统中，均采用同一种格式，没有区别。

（2）G70 只能用于精车，而且在用 G70 之前，必须使用 G71~G73 中的一个指令进行粗车。

（3）G70 指定的 ns 与 nf 之间的程序段不能调用子程序。

（4）ns 与 nf 之间的程序段中的 F、S 指令在 G70 使用时有效。

（5）S 指令也可以在 G70 之前的程序段指定。

（6）G70 指令的起点从安全方面考虑，一般与粗车循环指令的起点一致。

（7）使用 G70~G73 指令的程序必须存储于 CNC 控制器的内存内，即有复合循环指令的程序又能通过计算机以边传送边加工的方式控制 CNC 机床。

五、思考与练习

（一）判断题

1. 逆时针圆弧插补指令是 G03。   （   ）
2. M02 表示程序结束。   （   ）
3. G00 属于辅助功能。   （   ）
4. 绝对编程程序：N100 G0 X100 Z200；
   N110 G1 X110 Z220 F300；
   N120 G0 X200 Z300；
   系统的反向间补参数在 N110、N120 中没有作用。   （   ）
5. S500 表示每小时 500 转。   （   ）

项目一 模具零件的数控车削加工

(二) 编写如图1-40、图1-41模具零件的加工程序。

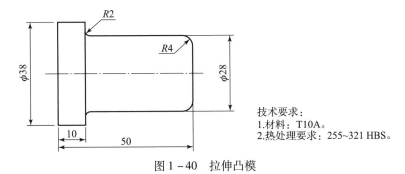

图1-40 拉伸凸模

技术要求：
1. 材料：T10A。
2. 热处理要求：255~321 HBS。

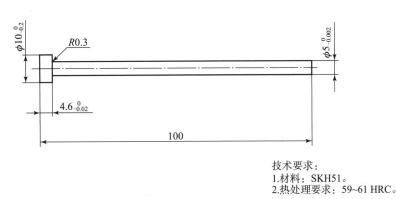

技术要求：
1. 材料：SKH51。
2. 热处理要求：59~61 HRC。

图1-41 推杆

模块2 模具曲面轴类零件的加工

一、教学目标

1. 会制定带螺纹曲面轴类模具零件的数控加工工艺。
2. 会使用三爪卡盘和顶尖一夹一顶工件。
3. 会合理选用车削曲面轴的外圆车刀和螺纹车刀。
4. 会用FANUC-0i数控系统的G32、G92、G76等指令编程。
5. 会编制带螺纹曲面轴类模具零件的数控加工程序。

二、工作任务

(一) 零件图纸

玩具型芯如图1-42所示。

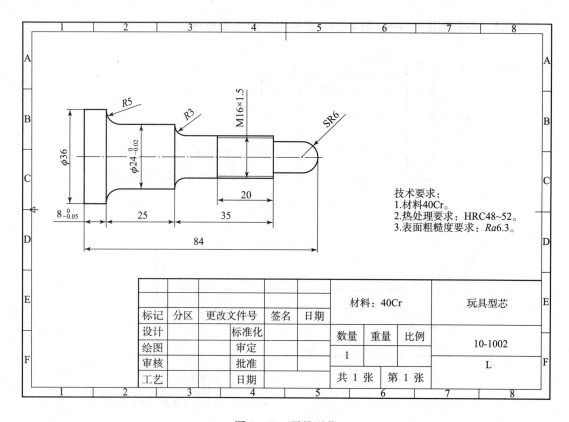

图 1-42 玩具型芯

（二）生产纲领

单件生产。

三、工作化学习内容

（一）编制凸模的数控加工工艺

1. 分析零件工艺性能

该玩具型芯为带螺纹的曲面轴类零件。

加工内容：车削端面，车球头 SR6 mm，车螺纹 M16×1.5 mm，车轴段 $\phi 12 \times 10$ mm、$\phi 16 \times 15$ mm、$\phi 24 \times 25$ mm、$\phi 36 \times 8$ mm，车圆弧 R3 mm、R5 mm。

加工精度：$\phi 24$ mm 尺寸公差为 0.02，精度等级为 6 级；$\phi 36$ mm 轴段长度公差为 0.05，精度等级为 7 级。轴的表面粗糙度均为 Ra6.3。

2. 选用毛坯或明确来料状况

玩具型芯的最大外形尺寸为 $\phi 36 \times 84$ mm，考虑零件材料、最大直径、原材料供应情况、留足加工余量等，选用 $\phi 45$ 的 40Cr 钢，平端面长 2 mm，切断宽 5 mm，工件长度为 84 mm，留装夹长度为 45 mm 左右，毛坯长度 = 2 + 5 + 84 + 45 = 136（mm）。

3. 选用数控机床

此型芯是带螺纹的曲轴类零件,只需要二轴联动数控车床成形,零件不大,加工所需刀具不多,综合上述原因,利用现有生产设备,选用长春科教城模具实训中心现有的 KACK‑20A 数控车床。

4. 确定装夹方案

型芯轴原材料长度也足够,直接将工件装夹在卡盘上即可,这里假设工件伸出卡盘的长度为 91 mm。

5. 确定加工方案及加工顺序

根据零件形状及加工精度要求,一次装夹完成所有加工内容:车端面→从右端到左端粗车外圆→从右端到左端精车外圆→切断。

6. 选择刀具

(1) 粗车时选用"装 CN 型刀片的 35°刀片 CNMG120408",刀尖圆弧半径 $r = 0.8$。

(2) 精车时选用"装 CN 型刀片的 35°刀片 CNMG120404",刀尖圆弧半径 $r = 0.4$。

(3) 车螺纹选用 YT15 硬质合金 60°外螺纹车刀,取刀尖角 $\varepsilon_\gamma = 59°30'$,取刀尖圆弧半径 $\gamma_\varepsilon = 0.15 \sim 0.2$ mm。

7. 确定切削用量

粗车:背吃刀量 $a_p = 1$,进给量 $F = 0.15$,切削速度 $v_c = 100$,主轴转速 $S = 600$。

精车:背吃刀量 $a_p = 0.5$,进给量 $F = 0.1$,切削速度 $v_c = 120$,主轴转速 $S = 1\ 200$。

8. 填写工艺文件

根据上述分析与计算,填写表 1‑8 数控加工工艺卡片。

表 1‑8 数控加工工艺卡片

单位名称		零件名称	零件材料	零件图号
		玩具型芯	Cr40	10‑1002
工序号	程序编号	夹具名称	使用设备	车间
	01/02	卡盘	KACK‑20A 数控车床	

工步号	工步内容	刀具号	刀具规格	主轴转速 /(r·min^{-1})	进给速度 /(mm·r^{-1})	背吃刀量 /mm	备注
1	车端面	T01	93°偏头仿形车刀	600	0.15	2	
2	粗车外轮廓,留精加工余量0.2	T01	35°仿形车刀	600	0.1	2	
3	精车外轮廓至图纸要求	T02	35°仿形车刀	1200	0.1	1	

续表

工步号	工步内容	刀具号	刀具规格	主轴转速 /(r·min^{-1})	进给速度 /(mm·r^{-1})	背吃刀量 /mm	备注
4	加工螺纹	T03	60°外螺纹车刀	600	0.1	1	
编制		审核	批准	年 月 日		共 页	第 页

(二) 编制凸模零件的数控加工程序

1. 建立工件坐标系

对于卧式车床,工件原点通常设在工件的右端面中心上,编程、对刀比较方便。为此,加工图1-43所示曲面轴数控车削程序的工件坐标系原点选在工件左端面回转中心上。

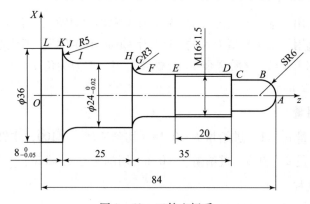

图1-43 工件坐标系

2. 编程方案及走刀路径

采用粗车复合循环指令G71、精加工循环指令G70、螺纹车削复合循环指令G76编程,子程序轮廓编程节点顺序为A→B→C→D→E→F→G→H→I→J→K→L。

3. 计算编程尺寸

采用绝对值编程,因此所需的基点坐标如表1-9所示。

表1-9 基点坐标

基点序号	X坐标值	Z坐标值	基点序号	X坐标值	Z坐标值
A	0	84	G	22	33
B	12	78	H	24	33
C	12	68	I	24	13
D	16	68	K	36	8
E	16	48	L	36	0
F	16	36			

4. 编制程序

凸模零件数控加工主程序如表 1-10 所示。

表 1-10 凸模零件数控加工主程序

主程序	注释
O0001	程序号;
N10 G40 G97 G99 M03 S600	取消前刀补及恒切削速度,启动主轴;
N20 T0101;	选用1号刀;
N30 M08;	切削液开;
N40 G00 X50 Z84;	进刀;
N50 G01 X0 F0.15;	车端面;
N60 G00 X150 Z150 M05;	退刀,主轴停;
N65 G00 G40 G97 G99 M03 S600;	取消前刀补及恒切削速度,启动主轴;
N66 T0202;	选用2号刀;
N67 G00 X50 Z84.5;	进刀至粗车循环起点
N70 G71 U1 R1;	粗车循环,每刀2 mm,退距离1 mm;
N80 G71 P90 Q180 U0.5 W0.02 F0.15;	留精车余量 $X=0.5$ mm,$Z=0.02$ mm,进给速度为每转0.15 mm;
N90 G00 X0;	进刀至精加工形状起始点 A 点;
N100 G03 X12 Z78 R6;	加工球头 SR6 至 B 点;
N110 G01 Z68;	加工至 C 点;
N120 X16;	加工至 D 点;
N130 Z36;	加工至 F 点;
N140 G02 X22 Z33 R3;	加工至 G 点;
N145 G01 X24;	加工至 H 点;
N150 Z13;	加工至 I 点;
N160 G02 X34 Z8 R5;	加工至 J 点;
N170 G01 X36;	加工至 K 点;
N180 Z0;	加工至 L 点;
N185 G00 X150 Z150 M05;	返回,主轴停;
N190 G40 G97 G99 M03 S1200;	主轴启动;
N200 T0303;	换3号刀;
N205 M08;	切削液开;
N210 G00 X0 Z84.5;	进刀,准备精车;
N215 G70 P90 Q180 F0.1;	精加工循环,进给速度为每转0.1 mm;
N220 G00 X150 Z150 M05;	返回,主轴停;
N230 G40 G97 G99 M03 S600;	取消前刀补及恒切削速度,启动主轴;
N240 T0404;	选4号刀;

续表

主程序	注释
N250 M08；	切削液开；
N260 G00 X18 Z68；	进刀接近螺纹切削点；
N270 G76 P031060 Q0.02 R0.005；	加工螺纹；
N280 G76 X13.835 Z48 P1.299 Q450 F0.15；	
N290 G00 X150 Z150 M05；	返回，主轴停；
N300 G40 G97 G99 M03 S400；	取消前刀补及恒切削速度，启动主轴；
N310 T0505；	选 5 号刀；
N320 M08；	切削液开；
N330 G00 X50 Z0；	快速接近切断点；
N340 G01 X0；	切断；
N350 G00 X150 Z150；	返回；
N360 M30；	程序结束。

四、相关的理论知识

（一）刀片的选用

国家对硬质合金可转位刀片型号制定了专门的标准 GB/T 2076—2007，刀片型号由给定意义的字母和数字的代号按一定顺序位置排列所组成。共有 10 个号位，每个号位的代号所表达的含义如图 1-44 所示。刀片型号标准规定，任何一个刀片型号都必须用前 7 个号位的代号表示，第 10 个号位的代号必须用短横线"-"与前面号位的代号隔开。

（1）号位1。号位1表示刀片形状及其夹角，最常用的形状有以下几种。

①正三边形（代号 T），用于主偏角为 60°、90°的外圆、端面、内孔车刀。

②正四边形（代号 S），刀尖强度高，散热面积大，用于主偏角为 45°、60°、75°的外圆、端面、内孔、倒角车刀。

③凸三边形（代号 W），用于主偏角为 80°的外圆车刀。

④菱形（代号 V、D），主偏角为 35°的 V 型、主偏角为 55°的 D 型车刀用于仿形、数控车床。

⑤圆形（代号 R），用于仿形、数控车床。

不同的刀片形状有不同的刀尖强度，一般刀尖角越大，刀尖强度越大，在切削中对工件的径向分力越大，越易引起切削振动，反之亦然。圆刀片（R 型）刀尖角最大，35°菱形刀片（V 型）刀尖角最小。通常的刀尖角度影响加工性能的关系如图 1-45 所示。

项目一 模具零件的数控车削加工

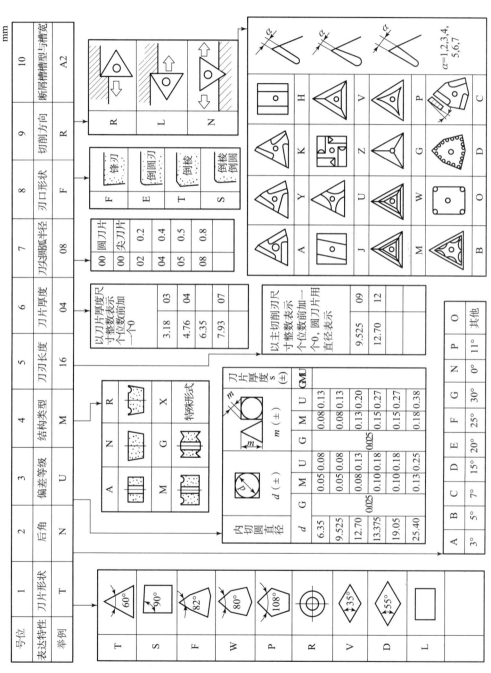

图1-44 可转位车刀刀片型号的代号含义及举例

切削刃强度增强，振动加大

通用性增强，拓需功率减小

图 1-45 刀尖角度与加工性能的关系

刀片形状主要依据被加工工件的表面形状、切削方法、刀具寿命和刀片的转位次数等因素来选择。

（2）号位 2。号位 2 表示刀片主切削刃后角，常用的刀片后角有 N（0°）、C（7°）、P（11°）、E（20°）等。一般粗加工、半精加工可用 N 型；半精加工、精加工可用 C 型、P 型，也可用带断屑槽的 N 型刀片；较硬铸铁、硬钢可用 N 型；不锈钢可用 C 型、P 型；加工铝合金可用 P 型、E 型等。加工弹性恢复性好的材料可选用较大一些的后角。一般镗孔刀片，选用 C 型、P 型，大尺寸孔可选用 N 型。车刀的实际后角靠刀片安装倾斜形成。

（3）号位 3。号位 3 表示刀片偏差等级，刀片的内切圆直径 d、刀尖位置 m 和刀片厚度 s 为基本参数，其中 d 和 m 的偏差大小决定了刀片的转位精度。刀片精度共有 11 级，代号 A、F、C、H、E、G、J、K、L 为精密级；代号 U 为普通级；代号 M 为中等级，应用较多。

（4）号位 4。号位 4 表示刀片结构类型，主要说明刀片上有无安装孔，其中代号 M 型的有孔刀片应用最多。有孔刀片一般利用孔来夹固定位，无孔刀片一般用上压式方法夹固定位。

（5）号位 5、6。号位 5、6 分别表示刀片的切削刃长度和厚度，其代号用整数表示。如切削刃长为 16.5 mm，则代号为 "16"。当刀片的切削刃长度和厚度为个位数时，代号前应加 "0"，如切削刃长为 9.526 mm，厚度为 4.76 mm，则代号分别为 "09" 和 "04"。选择刀片切削刃长度应保证大于实际切削刃长度的 1.5 倍，选择刀片厚度应保证刀片有足够强度进给量和表面粗糙度值。具体使用时可查阅有关刀具手册选取。

（6）号位 7。号位 7 表示刀片的刀尖圆弧半径，代号是用刀尖圆弧半径的 10 倍数字表示的，如刀尖圆弧半径为 0.8 mm，则代号为 "08"。

刀尖圆弧半径的大小直接影响刀尖的强度及被加工零件的表面粗糙度。刀尖圆弧半径大，表面粗糙度值增大，切削力增大且易产生振动，切削性能变坏，但刀刃强度增加，刀具前后刀面磨损减少，见图 1-45。通常在切深较小的精加工、细长轴加工、机床刚度较差的情况下，选用刀尖圆弧较小些；而在需要刀刃强度高、工件直径大的粗加工中，选用刀尖圆弧大些。刀尖圆弧半径一般适宜选取进给量的 2~3 倍。

（7）号位 8。号位 8 表示刀片刃口形状：代号 F 表示锋刃，代号 E 表示倒圆刃，代号 T 表示负倒棱，代号 S 表示负倒棱加倒圆。

（8）号位 9。号位 9 表示刀片切削方向：代号 R 表示右切刀片，代号 L 表示左切刀片，代号 N 表示既能右切也能左切的刀片，见图 1-44。选择时主要考虑机床刀架是前置式还是后置式、前刀面是向上还是向下、主轴的旋转方向以及需要进给的方向等。

(9) 号位10。号位10表示刀片断屑槽槽型和槽宽。断屑槽有16种槽型，用字母表示；槽宽有7种，用数字1~7表示，见图1-44。

(二) 相关编程指令

1. 单行程螺纹切削指令 G32

1) 螺纹加工概述

螺纹加工是数控车床的基本功能之一，加工类型包括内(外)圆柱螺纹和圆锥螺纹、单头螺纹和多头螺纹、恒螺距螺纹和变螺距螺纹。数控车床加工螺纹的指令主要有三种：单一螺纹加工指令、单循环螺纹加工指令、复合循环螺纹加工指令。因为螺纹加工时，刀具的走刀速度与主轴的转速要保持严格的关系，所以数控车床要实现螺纹加工，必须在主轴上安装测量系统。不同的数控系统，螺纹加工指令也不尽相同，在实际使用时应按机床的要求进行编程。

数控机床加工螺纹，有两种进刀方法：直进法和斜进法，如图1-46所示。直进法是从螺纹牙沟槽的中间部位进刀，每次切削时，螺纹车刀两侧的切削刃都受切削力，一般螺距小于3 mm时，可用直进法加工。斜进法加工时，从螺纹牙槽沟的一侧进刀，除第一刀外，每次切削只有一侧的切削刃受切削力，有助于减轻负载，当螺距大于3 mm时，可用斜进法进行加工。螺纹加工时，不可能一次就将螺纹沟槽加工成要求的形状，总是采取多次切削，在切削时应遵循一个原则"后一刀的切削深度有超过前一刀的切削深度"，那就是说，切削深度逐次减小，目的是使每次切削面积接近相等。多头螺纹加工时，先加工好一条螺纹，然后在轴向进给移一个螺距，加工第二条螺纹，直到全部加工完为止。

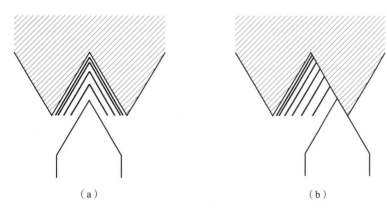

图1-46 螺纹加工进刀方法
(a) 直进法；(b) 斜进法

2) 螺纹加工过程中的相关计算

螺纹加工之前，需要对一些相关尺寸进行计算，以确保车削螺纹的程序段中的有关参考量。

车削螺纹时，车刀总的切削深度是螺纹的牙型高度，即螺纹牙顶到螺纹牙底间沿径向的距离。对普通螺纹，设螺距为 P，根据 GB/T196-2003 规定，螺纹牙型理论高度 $H=0.866P$。实际加工时，由于螺纹车刀刀尖半径的影响，实际切削深度有变化。根据 GB197-2003 规定，螺纹车刀可以在牙底最小削平高度 $H/8$ 处削平或倒圆，则实际牙型高度计算如下：

$$h = H - 2 \times (H/8) = 0.6495P$$

式中　H——螺纹三角形高度，mm；
　　　P——螺距，mm。

外螺纹加工中，径向起点（编程大径）的确定取决于螺纹的大径。例如，要加工 $M30 \times 2 - 6g$ 的外螺纹，由 GB/T 2516—2003 知，螺纹大径的上偏差 $e_s = -0.038$ mm，下偏差 $e_i = -0.318$ mm，公差 $T_{d2} = 0.28$ mm，则螺纹大径尺寸界于 $\phi 29.682 \sim 29.962$ 之间，所以螺纹大径应在此范围内选取，并在加工螺纹前，由外圆车削保证。螺纹小径在编程确定时，应考虑螺纹中径公差的要求，可以由有关公式计算得出。设牙底由单一弧形构成，圆弧半径为 R，则编程小径计算如下：

$$d_1 = d - 1.75H + 2R + e_s - T_{d2}/2$$

式中　d_1——螺纹小径，mm；
　　　d——螺纹公称直径，mm；
　　　H——螺纹原始三角形高度，mm；
　　　R——牙底圆弧半径，mm，一般取 $R = (1/8 \sim 1/6)H$；
　　　e_s——螺纹中径基本偏差，mm；
　　　T_{d2}——螺纹中径公差，mm。

如上例中，取 $R = H/8$，则编程小径为

$$d_1 = 30 - 1.75 \times 0.866 \times 2 + 2 \times (1/8) \times 0.866 \times 2 - 0.28/2$$
$$= 27.262(\text{mm})$$

3）螺纹加工过程中的引入距离和超越距离

在数控车床上加工螺纹时，沿着螺距方向（Z 方向）的进给速度与主轴转速必须保证严格的比例关系，但是螺纹加工时，刀具起始时的速度为零，不能和主轴转速保证一定的比例关系。在这种情况下，当刚开始切入时，必须留有一段切入距离，如图 1-47 所示的 δ_1，称为引入距离；同样的道理，当螺纹加工结束时，必须留一段切出距离，如图 1-47 所示的 δ_2，称为超越距离。

引入距离 δ_1 和超越距离 δ_2 的数值与所加工螺纹的导程、数控机床主轴转速和伺服系统的特性有关。具体取值由实际的数控系统及机床来决定，如有的数控机床规定如下：

$$\delta_1 \geq n \times P/400$$
$$\delta_2 \geq n \times P/1\,800$$

式中　n——主轴转速，r/min；
　　　P——螺纹导程，mm。

项目一 模具零件的数控车削加工

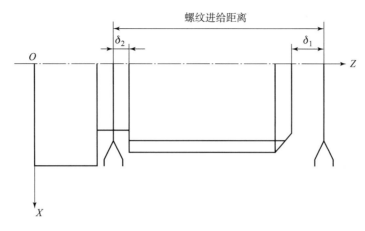

图1-47 螺纹切削时的引入距离和超越距离

以上公式规定了这一系统最小的 δ_1 和 δ_2，实际取值时，比计算值略大即可。

4）螺纹加工指令 G32

指令格式：G32 X(U)___ Z(W)___ F___；

格式中 X(U)、Z(W)——螺纹切削终点的坐标值；

F——螺纹导程加，mm/r。

说明：

(1) 指令 G32 为单行程螺纹切削指令，即每使用一次，切削一刀。

(2) 在加工过程中，要将引入距离 δ_1 和超越距离 δ_2 编入螺纹切削中，如图1-48所示，如果螺纹切削收尾处没有退刀槽，一般按45°方向退出。

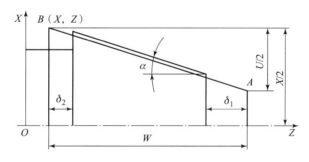

图1-48 螺纹切削指令 G32

(3) X 坐标省略或与前一程序段相同时为圆柱螺纹，否则为锥螺纹。

图1-48中，锥螺纹斜角 α 小于45°时，螺纹导程以 Z 方向指定；α 为45°～90°时，以 X 轴方向指定。一般很少使用这种方式。

(4) 螺纹切削时，一般使用恒转速切削（G97指令）方式，不使用恒线速度切削（G96指令）方式，否则，随着切削点的直径减小（增大），转速会增大（减小），这样会使 F 指定的导程发生变化（因为 F 和转速会保证严格的比例关系），从而产生乱牙。

(5) 螺纹切削时，为保证螺纹加工质量，一般采用多次切削方式，其走刀次数及每一刀的切削次数可参考表1-11所示的普通螺纹切削深度及走刀次数。

表1-11 普通螺纹切削深度及走刀次数参考表

米 制 螺 纹							
螺 距/mm	1	1.5	2	2.5	3	3.5	4
牙深（半径量）	0.649	0.974	1.299	1.624	1.949	2.273	2.598
切削次数及吃刀量（直径量） 1次	0.7	0.8	0.9	1	1.2	1.5	1.5
2次	0.4	0.6	0.6	0.7	0.7	0.7	0.8
3次	0.2	0.4	0.6	0.6	0.6	0.6	0.6
4次	—	0.16	0.4	0.4	0.4	0.6	0.6
5次	—	—	0.1	0.4	0.4	0.4	0.4
6次	—	—	—	0.15	0.4	0.4	0.4
7次	—	—	—	—	0.2	0.2	0.4
8次	—	—	—	—	—	0.15	0.3
9次	—	—	—	—	—	—	0.2
英 制 螺 纹							
牙/in	24	18	16	14	12	10	8
牙深（半径量）	0.678	0.904	1.016	1.162	1.355	1.626	2.033
切削次数及吃刀量（直径量） 1次	0.8	0.8	0.8	0.8	10.9	1	1.2
2次	0.4	0.6	0.6	0.6	0.6	0.7	0.7
3次	0.16	0.3	0.5	0.5	0.5	0.6	0.6
4次	—	0.11	0.14	0.3	0.4	0.4	0.5
5次	—	—	—	0.13	0.21	0.4	0.5
6次	—	—	—	—	—	0.16	0.4
7次	—	—	—	—	—	—	0.17

5）举例

直螺纹切削与锥螺纹切削如图1-49所示。

2. 单循环螺纹切削指令 G92

指令格式：G92　X(U)___ Z(W)___ I___ F___；

格式中　X(U)、Z(W)——螺纹切削终点的坐标值；

　　　　I——螺纹始点与终点的半径差，如果为圆柱螺纹则省略此值，有的系统也用R；

　　　　F——螺纹的导程，即加工时的每转进给量。

说明：

（1）用G92加工螺纹时，循环过程如图1-50所示，一个指令完成四步动作"1进刀-2加工-3退刀-4返回"，除加工外，其他三步的速度为快速进给的速度。

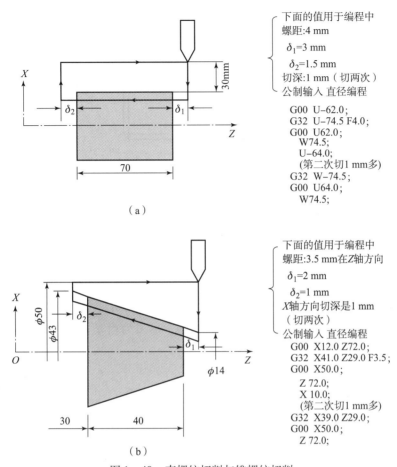

图 1-49 直螺纹切削与锥螺纹切削
(a) 直螺纹切削；(b) 锥螺纹切削

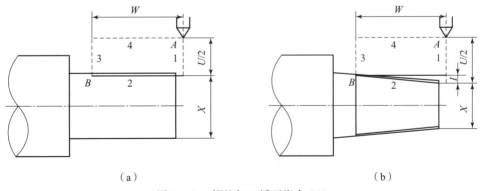

图 1-50 螺纹加工循环指令 G92
(a) 直螺纹；(b) 锥螺纹

(2) 用 G92 加工螺纹时的计算方法同 G32 指令一样。

(3) 格式中的 X(U)、Z(W) 为图中 B 点坐标。

例：如图 1-51 所示，给定材料为外径 $\phi 36 \times 104$，编程完成螺纹部分的加工。

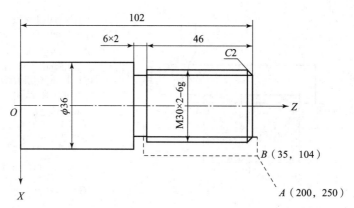

图1-51 螺纹自动车削循环举例

分析：螺纹计算与前面G32实例一样，螺纹大径为$\phi 29.8$，螺纹的小径$d_1=\phi 27.2$，若转速为$n=400$ r/min，则

引入距离$\delta_1 \geq n \times P/400 = 400 \times 2/400 = 2$（mm），取$\delta_1 = 3$（mm）。

超越距离$\delta_2 \geq n \times P/1\,800 = 400 \times 2/1\,800 \approx 0.444$（mm），取$\delta_2 = 2$（mm）。

在螺纹加工之前进行粗、精车并倒角、切槽。1#刀为粗车刀，2#刀为精车刀，3#刀为切槽刀，刀宽4 mm，4#刀为螺纹刀。

……

N310	G00	X32 Z105;	进刀
N320	G92	X28.9 Z54 F2;	加工螺纹第一刀
N330		X28.3;	加工螺纹第一刀
N340		X27.7;	加工螺纹第一刀
N350		X27.3;	加工螺纹第一刀
N360		X27.2;	加工螺纹第一刀
N370		X27.2;	去毛刺
N380	G00	X200 Z250;	退刀返回

……

3. 螺纹切削复合循环指令 G76

指令格式一：G76　P(m)(r)(a)Q(Δdmin)R(d);
　　　　　　G76　X(U)___Z(W)___R(i)P(k)Q(Δd)F(l);

指令格式二：G76　X(U)___Z(W)___I(i)K(k)D(Δd)F(l)A(a)P(p);

格式一中　m——精加工次数（01～99）；

　　　　　r——螺纹加工时退尾时的导程数，不使用小数点（00～99），实际退尾量 = $r \times 0.1 \times F$，其中F为导程；

　　　　　a——螺纹角度（0°、29°、30°、55°、60°、80°六个值中选取）；

　　　　　Δdmin——螺纹加工时的最小切削深度，为半径值，始终取正值；

　　　　　d——螺纹加工时精加工余量；

X(U)、Z(W)——螺纹终点坐标值；

i——螺纹加工时螺纹加工起点与终点的半径差，直螺纹可省略；

k——螺纹牙型高，半径值，始终取正值；

Δd——螺纹加工第一刀的切削深度，半径值，始终取正值；

l——螺纹导程。

格式二中 p——横切方法（四种里面的一种），取正值；其他与格式一同。

例：如图 1-52 所示，零件粗、精车加工已经完成，试编写其螺纹加工程序，螺纹加工部分用螺纹切削复合循环 G76 指令编写。

......

N140　M03　S400;　　　　　　　　　　　　　启动主轴
N150　G00　X32　Z3;　　　　　　　　　　　进刀至螺纹切削起始点
N160　G76　P031060　Q0.02　R0.01;　　　螺纹加工
N170　G76　X26.376　Z-22　P0.974　Q400　F1.5;
N180　G00　X50　Z100　M09;　　　　　　　返回，关冷却液

......

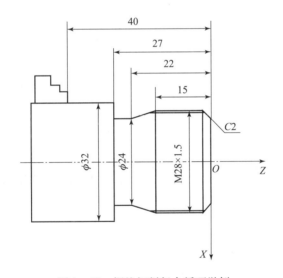

图 1-52 螺纹切削复合循环举例

五、思考与练习

（一）判断题

1. 数控系统中，固定循环指令一般用于精加工循环。　　　　　　　（　　）
2. M 功能不能与 G 功能同时存在一个程序段中。　　　　　　　　　（　　）
3. 对数控加工而言，程序原点又可称为起刀点。　　　　　　　　　（　　）
4. 数控车床加工螺纹，设置速度对螺纹切削速度没有影响。　　　　（　　）
5. 切削用量包括进给量、背吃刀量和工件转速。　　　　　　　　　（　　）

（二）编写图 1-53、图 1-54 模具零件的加工程序。

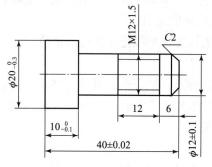

图 1-53　螺纹型芯（一）

技术要求：
1. 材料：6KS21。
2. 热处理要求：58~60 HRC。

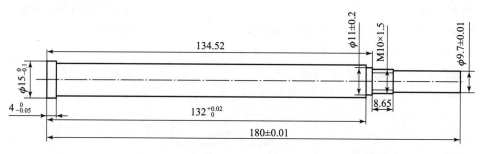

图 1-54　螺纹型芯（二）

技术要求：
1. 材料：SKD11。
2. 热处理要求：58~60 HRC。

模块 3　模具轴套类零件的加工

一、教学目标

1. 会制定轴套类模具零件的数控加工工艺。
2. 会使用专用夹具和芯轴定位。
3. 会合理选用孔加工刀具。
4. 会编制轴套类模具零件的数控加工程序。

二、工作任务

（一）零件图纸

导套如图 1-55 所示。

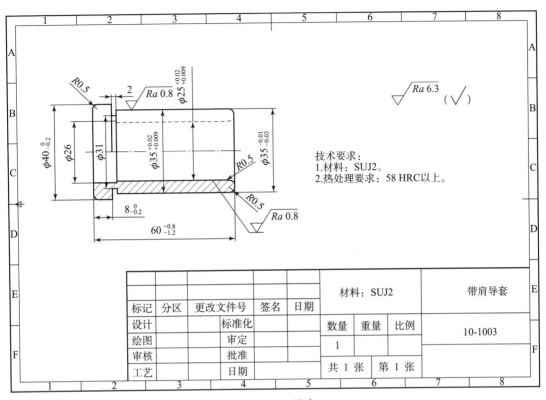

图 1-55　导套

（二）生产纲领
单件生产。

三、工作化学习内容

（一）编制凸模的数控加工工艺

1. 分析零件工艺性能

该带肩导套为套筒类零件。

加工内容：车削端面，车轴段 $\phi 35_{-0.03}^{-0.01} \times 2.5$ mm、$\phi 35_{+0.009}^{+0.02} \times 47$ mm、$\phi 31 \times 2$ mm、$\phi 40_{-0.2}^{0} \times 7.5$ mm，镗内孔 $\phi 25_{+0.009}^{+0.02} \times 49.5$ mm、$\phi 26 \times 10$ mm，车圆弧 $R0.5$ mm。

加工精度：$\phi 35_{-0.03}^{-0.01}$ 尺寸公差为 0.02 mm，$\phi 35_{+0.009}^{+0.02}$ 尺寸公差为 0.011 mm，$\phi 40_{-0.2}^{0}$ 尺寸公差为 0.2 mm，$\phi 25_{+0.009}^{+0.02}$ 尺寸公差为 0.011，尺寸最高精度等级为 6 级。轴的表面粗糙度最高为 $Ra0.8$，其余为 $Ra6.3$。由此可看出，此零件的加工精度相当高，必须经过精加工完成。

2. 选用毛坯或明确来料状况

导套的最大外形尺寸为 $\phi 40 \times 60$ mm，考虑零件材料、最大直径、原材料供应情况、留足加工余量等，选用外径为 $\phi 45$ mm、内径为 $\phi 22$ mm、长度为 100 mm 的 SUJ2 钢。

3. 选用数控机床

此导套是轴套类零件，只需要二轴联动数控车床成形，零件不大，加工所需刀具不多，综合上述原因，利用现有生产设备，选用长春科教城模具实训中心现有的 KACK-20A 数控车床。

4. 确定装夹方案

此零件毛坯长度足够，直接将工件装夹在卡盘上即可，这里假设工件伸出卡盘的长度为 72 mm。

5. 确定加工方案及加工顺序

加工顺序为：夹毛坯外圆→光外露外圆、平端面→打中心孔→钻底孔→粗车左端面、$\phi 40_{-0.2}^{\ 0}$ 外圆柱面、$\phi 26$ mm 内孔→粗、精车 $\phi 35_{-0.03}^{-0.01}$ mm、$\phi 35_{+0.009}^{+0.02}$ mm、$R0.5$ 圆弧→精车 $\phi 25_{+0.009}^{+0.02}$ mm 内孔及 $R0.5$ 圆弧→切槽→切断。

6. 选择刀具

所选定的刀具参数填入表 1-12 所示的导套数控加工刀具卡片中。

表 1-12 导套数控加工刀具卡片

产品名称		导套	零件名称	导套	零件图号	10-1003	程序编号	
序号	刀具号	刀具规格名称	刀具型号	刀 片		刀尖半径	备注	
				型号	牌号			
1	T01	$\phi 3$ 中心钻						
2	T02	$\phi 22$ 钻头						
3	T03	外圆粗车刀	DCLNL2525M12	CNMG120408		0.8		
4	T04	粗镗刀	PCLNL09	CNMG090308-PM		0.8	$\phi 20$	
5	T05	精镗刀	PCLNL09	CNMG090308-PF		0.4	$\phi 20$	
6	T06	外圆精车刀	PCLNL2525M12	CNMG120404	GC4015	0.4	25×25	
7	T07	切槽专用刀						

7. 确定切削用量

所选定的切削用量填入表 1-13 所示的数控加工工艺卡片中。

8. 填写工艺文件

根据上述分析与计算，填写表 1-13 所示的数控加工工艺卡片。

（二）编制凸模零件的数控加工程序

1. 建立工件坐标系

对于卧式车床，工件原点通常设在工件的右端面中心上，编程、对刀比较方便。为此，加工图 1-55 所示曲面轴数控车削程序的工件坐标系原点选在工件左端面回转中心上，如图1-56所示。

表1-13 数控加工工艺卡片

单位名称			零件名称	零件材料		零件图号	
			导套	SUJ2		10-1003	
工序号	程序编号		夹具名称	使用设备		车间	
			卡盘、芯轴	KACK-20A 数控车床			
工步号	工步内容	刀具号	刀具规格	主轴转速 /(r·min^{-1})	进给速度 /(mm·r^{-1})	背吃刀量 /mm	备注
1	打右端面中心孔	T01	ϕ3	1 200		2.5	手动
2	钻底孔ϕ22通	T02	ϕ26	200		13	手动
3	粗车外轮廓ϕ40、ϕ35	T03	25×25	320	0.13	1	自动
4	粗镗ϕ26、ϕ25内孔及倒圆	T04	ϕ20	320	0.13	1	自动
5	精镗ϕ26、ϕ25内孔至尺寸要求精度及倒圆	T05	ϕ20	400	0.07	0.1	自动
6	精车外轮廓至尺寸要求精度	T06	25×25	400	0.07	0.1	自动
7	专用刀切槽	T10		320	0.1		自动
8	切断						手动
编制		审核		批准		年 月 日	共 页 第 页

2. 确定编程方案及刀具路径

采用 G71、G70 复合循环指令编程，外轮廓分两次走刀，即先车外圆再切槽，外圆子程序编程节点顺序为 $A \rightarrow B \rightarrow C \rightarrow E \rightarrow F \rightarrow G \rightarrow H$，切槽编程节点顺序为 $E、F \rightarrow I、J$，内轮廓编程节点顺序为 $K \rightarrow L \rightarrow M \rightarrow N \rightarrow O$。

3. 计算编程尺寸

采用绝对值编程，因此所需的基点坐标如表1-14所示。

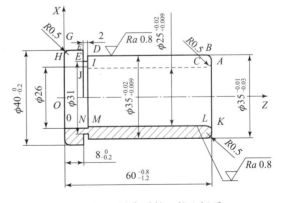

图1-56 导套零件工件坐标系

表1-14 基点坐标

基点序号	X坐标值	Z坐标值	基点序号	X坐标值	Z坐标值
A	34	60	I	31	10
B	35	59.5	J	31	8

续表

基点序号	X 坐标值	Z 坐标值	基点序号	X 坐标值	Z 坐标值
C	35	57	K	26	60
D	35	10	L	25	59.5
E	35	8	M	25	10
F	40	8	N	26	10
G	40	0.5	O	26	0
H	39	0			

4. 编制程序

凸模零件数控加工主程序如表 1-15 所示。

表 1-15 凸模零件数控加工主程序

主程序	注释
O6688	程序号;
N10 G40 G97 G99 M03 S600	程序初始化,启动主轴;
N20 T0101;	选用 1 号刀;
N30 M08;	切削液开;
N40 G00 X48 Z60;	进刀;
N50 G01 X20 F0.15;	车端面;
N67 G00 X46 Z60.5;	进刀至粗车循环起始点;
N70 G71 U1 R0.5;	粗车循环,每刀 2 mm,退距离 0.5 mm;
N80 G71 P90 Q140 U0.5 W0.02 F0.15;	留精车余量 $X=0.5$ mm,$Z=0.02$ mm,进给速度为每转 0.15 mm;
N90 G00 X34;	进刀至精加工形状起始点 A 点;
N100 G03 X35 Z59.5 R0.5 F0.15;	加工圆弧 R0.5 至 B 点;
N110 G01 Z8;	加工至 E 点;
N120 X40;	加工至 F 点;
N130 Z0.5;	加工至 G 点;
N140 G03 X39 Z0 R0.5;	加工至 H 点;
N145 G00 X150 Z150 M05;	返回,主轴停;
N150 G40 G97 G99 M03 S600;	主轴启动;
N160 T0202;	换 2 号刀;
N170 M08;	切削液开;
N180 G00 X24;	进刀至孔加工循环起始点;
N185 G71 U1 R0.5;	粗车内孔循环,每刀 2 mm,退距离 0.5 mm;
N188 G71 P190 Q210 U0.5 W0.02 F0.15;	留精车余量 $X=0.5$ mm,$Z=0.02$ mm;
N190 G00 X26 Z60.5;	进刀至内孔精加工形状起始点 K 点;

续表

主程序	注释
N195 G02 X25 Z59.5 R0.5；	加工至 L 点；
N200 G01 Z10；	加工至 M 点；
N205 X26；	加工至 N 点；
N210 Z0；	加工至 O 点；
N215 G00 X150 Z150 M05；	返回，主轴停；
N220 G40 G97 G99 M03 S1200；	主轴启动；
N240 T0303；	换 3 号精车外轮廓刀；
N250 M08；	切削液开；
N260 G00 X35 Z60.5；	进刀至外圆精加工循环起始点；
N270 G70 P90 Q140；	精加工外轮廓；
N360 G00 X150 Z150 M05；	返回，主轴停；
N370 G40 G97 G99 M03 S1200；	取消前刀补及恒切削速度，启动主轴；
N380 T0404；	换 4 号精加工镗刀；
N390 M08；	切削液开；
N400 G00 X24 Z59.5；	进刀至内孔循环起始点；
N410 G70 P190 Q210 F0.1；	内孔精加工循环；
N420 G00 X150 Z150 M05；	返回，主轴停；
N430 G40 G97 G99 M03 S400；	主轴启动；
N440 T0505；	选 4 号切槽刀；
N450 M08；	切削液开；
N460 G00 X43 Z10；	快速接近切槽点；
N470 G01 X32 F0.1；	切槽至 E、F 点；
N480 G00 X46；	退刀；
N490 G00 Z0；	进刀至切断处；
N500 G01 X0 F0.15；	切断零件；
N520 G00 X150 Z150 M05；	返回；
N530 M30；	程序结束。

四、相关的理论知识

（一）孔加工刀具

从实体材料上加工出孔或扩大已有孔的刀具称为孔加工刀具，如麻花钻、中心钻、深孔钻等，可以在实体材料上加工出孔，而铰刀、扩孔钻、镗刀等可以在已有孔的材料上进行扩孔加工。

孔加工刀具有以下几个特点：

（1）大部分孔加工刀具为定尺寸刀具，刀具本身的尺寸精度和形状精度不可避免地对孔的加工精度有重要影响。

（2）孔加工刀具尺寸由于受到被加工孔直径大小的限制，刀具横截面尺寸较小，特别是用于加工小直径孔和深径比（孔的深度与直径之比的数值）较大孔的刀具，其横截面尺寸更小，所以刀具刚性差，切削不稳定，易产生振动。

（3）孔加工刀具是在工件已加工表面的包围之中进行切削加工，切削呈封闭或半封闭状态，因此排屑困难，切削液不易进入切削区，难以观察切削中的实际情况，对工件质量、刀具寿命都将产生不利影响。

（4）孔加工刀具种类多、规格多。孔加工的难度要比外圆加工大得多。孔加工刀具的材料、结构、几何要素等将直接影响被加工孔的质量。下面介绍孔加工刀具。

1. 高速钢麻花钻

麻花钻形似麻花，俗称钻头，是目前孔加工中应用最广泛的一种刀具。钻头主要用来在实体材料上钻削直径在 $\phi 0.1 \sim 80$ mm 的孔，也可用来代替扩孔钻扩孔。钻头是在钻床、车床、铣床、加工中心等机床上对工件进行钻削的。钻头是粗加工刀具，其加工精度一般为 IT10～IT13，表面粗糙度为 $Ra6.3 \sim 12.5$。

（1）麻花钻的组成。标准麻花钻由工作部分、柄部、颈部三部分组成，如图 1-57 所示。

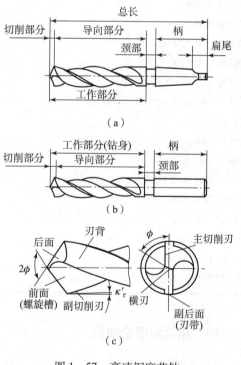

图 1-57 高速钢麻花钻
(a) 莫氏锥柄麻花钻；(b) 直柄麻花钻；
(c) 麻花钻钻头

①工作部分。工作部分是钻头的主要组成部分，即具有螺旋槽的部分。工作部分包括切削部分和导向部分。切削部分主要起切削作用，导向部分主要起导向、排屑、切削部分的后备作用，如图 1-57（a）、（b）所示。为了减少导向部分和已加工孔孔壁之间的摩擦，对直径大于 1 mm 的钻头，钻头外径从切削部分朝后方向制造出倒锥，形成副偏角 κ'_λ，如图 1-57（c）所示。倒锥量在每 100 mm 长度上为 0.03～0.12 mm。

②柄部。柄部位于钻头的后半部分，起夹持钻头、传递转矩的作用，如图 1-57（a）、（b）所示。柄部有直柄（圆柱形）和莫氏锥柄（圆锥形）之分，钻头直径在 $\phi 6$ mm 以下做成直柄，利用钻夹头夹持；直径在 $\phi 6$ mm 以上做成莫氏锥柄和直柄两种，莫氏锥柄利用莫氏锥套与机床锥孔连接，莫氏锥柄后端有一个扁尾榫，其作用是供楔铁把钻头从莫氏锥套中卸下。扁尾榫不能与锥孔内任何部位接触，以防过定位不能自锁而掉刀，可见扁尾榫是能传递扭矩的。

③颈部。如图 1-57（a）、（b）所示，颈部是工作部分和柄部的连接处（或焊接处）。颈部的直径小于工作部分和柄部的直径，其作用是便于磨削工作部分和柄部时砂

轮退刀，也供打印标记之用。小直径直柄钻头没有颈部。

（2）麻花钻切削部分的组成。麻花钻切削部分的组成如图1-58所示。

①前面A_γ：靠近主切削刃的螺旋槽表面。

②后面A_α：与工件过渡表面相对的表面。

③副后面A'_α：又称刃带，是钻头外圆上沿螺旋槽凸起的圆柱部分。

④主切削刃S：前面与后面的交线。

⑤副切削刃S'：前面与副后面的交线。

⑥横刃：两个后面的交线。

钻头的切削部分由两个前面、两个后面、两个副后面、两条主切削刃、两条副切削刃和一条横刃组成。

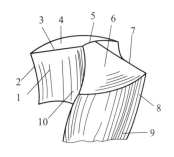

图1-58 麻花钻切削部分的组成
1—前面；2,8—副切削刃（棱边）；
3,7—主切削刃；4,6—后面；
5—横刃；9—副后面；10—螺帽槽

（3）麻花钻的几何参数。

①螺旋角β。螺旋角β为钻头外圆柱与螺旋槽表面的交线（螺旋线）上任意点的切线与钻头轴线之间的夹角，如图1-59所示。

主切削刃上各点的螺旋槽导程是相同的，但主切削刃上各点至钻头轴线的距离r_X是不相同的，因此，切削刃上各点的螺旋角是不相同的。钻头上的螺旋角从外径向钻心逐渐变小，即外缘处最大，近钻心处最小，通常所指的螺旋角是指外缘处的螺旋角。

螺旋角大，钻头锋利，排屑容易。螺旋角太大，主切削刃强度降低，钻头刚性减弱，散热条件变差。一般高速钢麻花钻的螺旋角为：当钻头直径小于10 mm时，$\beta=18°\sim28°$；当钻头直径在10～80 mm时，$\beta=30°$。

②顶角2ϕ。顶角2ϕ为两主切削刃在中剖面内投影的夹角，见图1-59。中剖面是通过钻头轴线并与主切削刃平行的平面。

减小顶角，可使主切削刃增长，单位长度切削刃上的切削载荷减轻，轴向力减小，主、副切削刃相交处强度提高，有利于改善散热条件。但是，顶角太小，

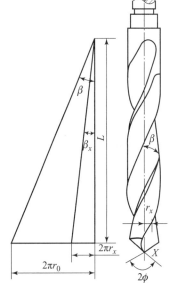

图1-59 麻花钻的螺旋角

将使钻尖强度降低，切削厚度减小，切屑卷曲严重，不利于排屑。标准麻花钻的顶角为$2\phi\approx118°$。顶角的大小可根据钻削工件材料而选择：如加工钢和铸铁时，顶角取118°左右；加工黄铜和软青铜时，顶角取130°左右；加工硬橡胶、硬塑料和胶木时，顶角取50°～90°。

③主偏角κ_r。主偏角κ_r为主切削刃上某选定点的切线在基面内的投影与进给方向之间的夹角，如图1-60所示。

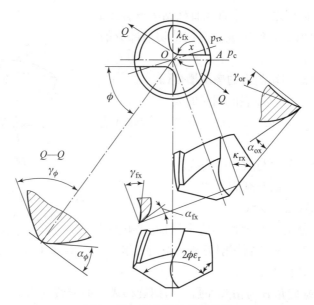

图 1-60 麻花钻的几何角度

④前角 γ_o。前角 γ_o 为主切削刃上某选定点在正交平面内的前面与基面之间的夹角，见图 1-60。

⑤后角 α_f。后角 α_f 为主切削刃上某选定点的后角，一般用该点在假定工作平面内的后面与切削平面之间的夹角来表示，见图 1-60，而测量则通常在柱剖面内进行。

⑥横刃斜角 ϕ。横刃斜角 ϕ 为横刃与主切削刃在端平面内投影的夹角，见图 1-60。标准麻花钻的横刃斜角为 $\phi = 50° \sim 55°$。ϕ 减小，横刃锋利程度增大，但横刃长度增长，使钻心定心不稳，轴向力增大。

综上所述，钻头的几何角度，有些是制造方确定的，使用者是不便改变的，如螺旋角；有些是刃磨确定的，使用者可以根据需要进行调整，如顶角、后角和横刃斜角；有些是制造方和刃磨两个因素确定的，如主偏角、端面刃倾角和前角。

(4) 改善麻花钻切削性能的措施。麻花钻有许多长处，但也存在着一些缺陷，具体包括以下几点：

①主切削刃上前角分布不合理，从外缘处 30°左右变化到靠近钻心处 54°左右，使切削刃上各点的切削条件差异较大，外缘处前角过大，刀刃强度较差，靠近钻心处前角又太小，钻削挤压严重。

②横刃较长，且有很大的横刃负前角，钻削时，横刃处的摩擦挤压严重，轴向力增大，定心不稳，钻削条件恶劣。

③主切削刃太长，会使切削宽度增大，使切屑在各点处流出的速度相差很大，造成切屑呈螺旋形，而螺旋形的切屑占有较大空间，因此，排屑不顺利，切削液也难以进入切削区。

④在主、副切削刃的交汇处，刃口强度最低，切削速度最高，且副后角为 0°，从而使该处的摩擦严重，热量骤增，磨损迅速。

为了克服钻头的上述缺陷，改善钻头的切削性能，一般可采取如下两种措施：

①修磨麻花钻。根据麻花钻存在的缺陷，一般采用下列修磨方法：

修磨主切削刃。把原来的直线主切削刃修磨成折线或圆弧形，如图1-61所示，其优点是刀尖角由ε_r增大至ε_o，使刀尖强度增加和散热条件得到改善，切削刃单位长度上的切削载荷减小，刀具磨损减缓。

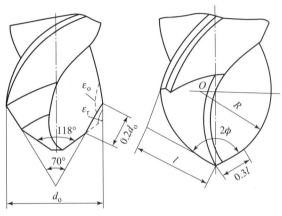

图1-61 修磨主切削刃

修磨横刃。如图1-62所示，把原来较长的横刃和很小的横刃前角，修磨成较短的横刃[图1-62（a）]或较大的横刃前角[图1-62（b）、（c）]。其优点是钻削时减少了横刃处的摩擦和挤压，使轴向力显著减小，定心平稳，从而提高了钻孔精度和生产效率。

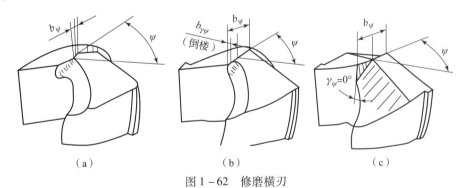

图1-62 修磨横刃
（a）修磨成较短的横刃；（b）、（c）修磨成较大的横刃前角

修磨前面。如图1-63所示，把原来的前面修磨成不同形状，可得到不同的效果。如图1-63（a）所示，修磨主、副切削刃交汇处的前面，将此处的前角磨小，可以增强该处切削刃的强度，避免"扎刀"现象的产生；如图1-63（b）所示，沿主切削刃的前面磨出倒棱，以增强切削刃的强度，改善切削性能；如图1-63（c）所示，在前面磨出断屑台，以利于断屑排屑。

②修磨刃带。把原来刃带上0°的副后角修磨成6°~8°的副后角，其结果减少了刃带与孔壁之间的摩擦，减小了刃带的磨损，有利于提高孔加工的质量。

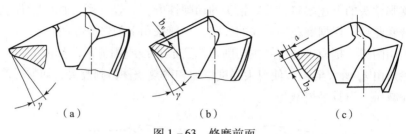

图 1-63 修磨前面

(a) 修磨主、副切削刃交汇处的前面；(b) 沿主切削刃的前面磨出倒棱；(c) 在前面磨出断屑台

2. 铰刀

铰刀是对已有孔进行精加工的一种刀具，应用十分普遍。铰削切除余量很小，一般只有 0.1~0.5 mm。铰削后的孔径精度可达 IT6~IT9，表面粗糙度可达 Ra0.4~1.6。铰刀加工孔直径的范围为 ϕ1~100 mm，可以加工圆柱孔、圆锥孔、通孔和盲孔。它可以在钻床、车床、数控机床等多种机床上进行铰削，也可以手工铰削。

（1）铰刀的种类。铰刀的种类很多，通常按使用方式把铰刀分为手用铰刀和机用铰刀，如图 1-64 和图 1-65 所示。手用铰刀的刀齿部分较长，用专用扳手套在铰刀尾部的方榫上，通过手动旋转和进给，使铰刀进行切削。由于手用铰刀切削速度低，所以加工孔的精度和表面粗糙度质量较好。机用铰刀的刀齿部分较短，由机床夹住铰刀的柄部，并带动旋转和进给（或工件旋转、铰刀进给），使铰刀进行切削。由于机用铰刀的切削速度相对较高，所以生产效率高。铰刀还可按刀具材料分为高速钢铰刀和硬质合金铰刀；按加工孔的形状分为圆柱铰刀和圆锥铰刀（图 1-66）；按铰刀直径调整方式分为整体式铰刀和可调式铰刀（图 1-67）。

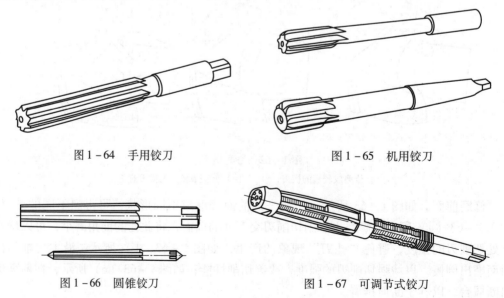

图 1-64 手用铰刀　　　　　　图 1-65 机用铰刀

图 1-66 圆锥铰刀　　　　　　图 1-67 可调节式铰刀

（2）铰刀的组成。铰刀由工作部分、颈部和柄部三部分组成，如图 1-68 所示。工作部分分为切削部分和校准部分。切削部分又分为引导锥和切削锥；引导锥使铰刀能方

便地进入预制孔;切削锥起主要的切削作用。校准部分又分为圆柱部分和倒锥部分:圆柱部分起修光孔壁、校准孔径、测量铰刀直径以及切削部分的后备作用;倒锥部分起减少孔壁摩擦、防止铰刀退刀时孔径扩大的作用。柄部是夹固铰刀的部位,起传递动力的作用。手用铰刀的柄部均为直柄(圆柱形),机用铰刀的柄部有直柄和莫氏锥柄(圆锥形)之分。颈部是工作部分与柄部的连接部位,用于打印刀具尺寸规格。

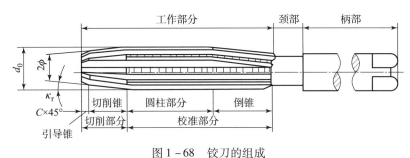

图 1-68 铰刀的组成

(3) 铰刀的结构要素。以图 1-69 所示的整体圆柱机用铰刀为例。

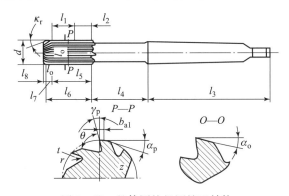

图 1-69 整体圆柱机用铰刀结构

①直径与公差。铰刀的直径和公差是指校准部分中圆柱部分的直径与公差。由于被铰孔的尺寸和形状的精度最终是由铰刀的直径与公差决定的,因此,铰刀直径的基本尺寸 d 应等于被铰孔直径的基本尺寸 d_w,而铰刀直径的公差与被铰孔直径的公差 IT、铰刀本身的制造公差 G、铰刀使用时所需的磨损储备量 N、铰削后被铰孔直径扩张量 P 或收缩量 P_a 有关。

被铰孔直径的公差 IT,可通过查阅公差表获得;铰刀的制造公差 G,一般取被铰孔直径公差的 1/3~1/4;铰刀的磨损储备量 N,是通过与铰刀的制造公差合理调节而确定的,因为铰刀的制造公差大了,就会减少铰刀的磨损储备量,使铰刀寿命缩短,反之就会增大铰刀的磨损储备量,使铰刀的制造难度增加;被铰孔直径的扩张量 P 或收缩量 P_a,可通过实验得到。铰刀安装偏离机床旋转中心、刀齿径向跳动较大、切削余量不均匀、机床主轴间隙过大等,都会使被铰孔直径扩张;而当铰削薄壁工件,硬质合金铰刀高速铰削时,由于弹性变形和热变形,被铰孔直径会收缩。

②齿数。齿数是指铰刀工作部分的刀齿数量。一般而言,齿数多,则每齿切削载荷

小，工作平稳，导向性好，铰孔精度、表面粗糙度提高。但齿数太多，反而使刀齿强度下降，容屑空间减小，排屑不畅。

齿数是根据铰刀直径和工件材料确定的，铰刀直径大，齿数取多些；反之，齿数取少些。铰削脆性材料，齿数取多些；铰削塑性材料，齿数取少些。在常用铰刀直径 d 在 $6\sim40$ mm 范围内，齿数一般取 $4\sim8$ 个。

③齿槽方向。铰刀的齿槽方向有直槽（直齿）和螺旋槽（螺旋齿）两种形式，如图 1-70 所示。

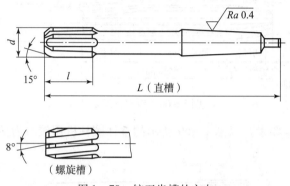

图 1-70　铰刀齿槽的方向

直槽铰刀：制造方便，刃磨容易，检测简单，应用广泛。

螺旋槽铰刀：切削平稳，排屑性能提高，铰削孔质量好，特别是铰削孔壁上有键槽或不连续内表面时，可避免发生铰刀被卡住或刀齿崩裂的现象。

螺旋槽铰刀有右旋和左旋之分，如图 1-71 所示。因右螺旋槽铰刀向已加工表面排屑，故适用于铰削盲孔；因左螺旋槽铰刀向待加工表面排屑，故适用于铰削通孔。

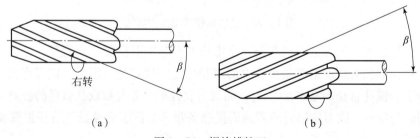

图 1-71　螺旋槽铰刀
(a) 右螺旋槽；(b) 左螺旋槽

④几何角度。主偏角 κ_r 见图 1-69，主偏角的大小对铰削时的导向性、轴向力、铰刀切入切出孔的时间等都有影响。主偏角较小时，铰刀的导向性好，轴向力小，铰削平稳，有利于被铰孔的精度和表面粗糙度的质量提高。但铰刀切入切出孔的时间增加，不利于生产率的提高，难以铰出孔的全长。

主偏角大小的确定，主要取决于铰刀的种类、孔的结构、工件的材料等。手用铰刀 $\kappa_r=1°$ 左右；机用铰刀加工钢件时 $\kappa_r=12°\sim15°$，加工铸铁时 $\kappa_r=3°\sim5°$，加工盲孔时 $\kappa_r=45°$ 左右。

铰刀前角 γ_p 规定在背平面内度量，见图 1-69。由于铰削余量很小，切屑也就很小很薄。铰削时，切屑与铰刀前面接触很少，因此前角大小对切削变形影响不明显。为增强刀齿强度和制造方便，前角一般取 $\gamma_p = 0°$。

铰刀校准部分的后角 α_P（α_o）规定在背平面内度量，切削部分的后角规定在正交平面内度量如图 3-15 所示。铰削时，由于切削厚度很小，铰刀磨损主要发生在后面上，为减轻磨损，按理应取较大后角。但是，铰刀是定尺寸刀具（刀具尺寸直接决定工件尺寸），过大的后角在铰刀重磨后其直径很快减小，从而降低铰刀的使用寿命。为此，铰刀的后角切削部分一般取 $\alpha_o = 6° \sim 10°$，校正部分后角略大些，取 $\alpha_P = 10° \sim 15°$。

用铰刀机动铰孔，湿铰比干铰孔径小 $\phi 0.01 \sim 0.02$ mm，且表面粗糙度高，用这一经验也可以适当调整铰孔大小。

3. 镗孔刀具

镗孔是使用镗刀对已钻出的孔或毛坯孔进行进一步加工的方法。镗孔的通用性较强，可以粗加工、精加工不同尺寸的孔，以及镗通孔、盲孔、阶梯孔，镗加工同轴孔系、平行孔系等。粗镗孔的精度为 IT11~IT13，表面粗糙度为 $Ra6.3 \sim 12.5$；半精镗的精度为 IT9~IT10，表面粗糙度为 $Ra1.6 \sim 3.2$；精镗的精度可达 IT6，表面粗糙度为 $Ra0.4 \sim 0.1$。镗孔具有修正孔的形状误差和位置误差的能力。

车床上的镗孔车刀具结构与外圆车刀类似，如图 1-72 所示。

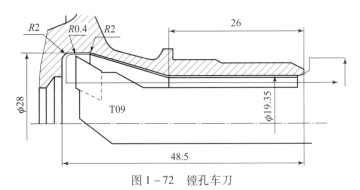

图 1-72 镗孔车刀

4. 丝锥

用丝锥加工内螺纹是应用最广泛的一种内螺纹加工方法。对于小尺寸的内螺纹，攻螺纹几乎是唯一加工的方法。近几年来，随着新型材料的不断出现，以及为适应不同类型螺孔的要求，丝锥的种类也相应地日益增多，它们的结构、几何参数、加工过程及其应用范围都各有特点。

1）各种丝锥的特点及应用范围

各种丝锥的特点及应用范围如表 1-16 所示。

2）普通螺纹钻底孔直径

（1）钻底孔钻头直径的计算公式如下：

当 $P \leq 1$ 时

$$d_o = d - P$$

当 $P > 1$ 时

$$d_o \approx d - (1.04 \sim 1.08)P$$

式中　P——螺距，mm；

d——螺纹公称直径，mm；

d_o——攻丝前钻头直径，mm。

表 1-16　各种丝锥的特点及应用范围

丝锥名称	示意图	主要特点	适用范围
手用丝锥		手工攻螺纹，为减轻切削力，常用 2~3 把丝锥组成一套粗精加工	单件小批生产，通孔、盲孔均可使用
机用丝锥		固定在车床、钻床或攻螺纹机上进行攻丝，攻丝速度较高。分短柄、长柄、弯柄三种	成批大量生产中应用最广
螺母丝锥		切削锥占工作部分的 3/4。分短柄、长柄、弯柄三种	生产大批量螺母用
板牙丝锥		外形与螺母丝锥相似，只是切削锥更长，容屑槽多而窄，且有斜度	加工各种螺纹板牙攻螺纹用

例：某一个铸铁工件中需要攻 M6、M12×1.25 的两种螺纹，计算它们的底孔直径。

M6 底孔直径计算：因为 M6 螺孔的螺距 P 为 1，所以按 $d_o = d - P$ 计算，得

$$d_o = 6 - 1 = 5 \text{ (mm)}$$

M12×1.25 底孔直径计算：因为 M12×1.25 螺孔的螺距 P 为 1.25，故按 $d_o = d - 1.06 \times 1.25$ 计算得

$$d_o = 12 - 1.3 = 10.7 \text{ (mm)}$$

(2) 普通螺纹底孔推荐钻头直径如表 1-17 所示。

表 1-17　普通螺纹底孔推荐钻头直径　　　　　　　　　　　　　单位：mm

螺纹公称直径 d	螺距 P	螺纹内径		推荐钻头直径 d_o
		最大	最小	
M2	粗　0.4	1.677	1.567	1.60
	细　0.25	1.809	1.729	1.75

续表

螺纹公称直径 d	螺距 P		螺纹内径		推荐钻头直径 d_0
			最大	最小	
M3	粗	0.5	2.599	2.459	2.50
	细	0.35	2.721	2.621	2.65
M4	粗	0.7	3.422	3.242	3.30
	细	0.5	3.599	3.459	3.50
M5	粗	0.8	4.334	4.134	4.20
	细	0.5	4.599	4.459	4.50
M6	粗	1	5.118	4.918	5.00
	细	0.75	5.378	5.118	5.20
M8	粗	1.25	6.887	6.647	6.70
	细	1	7.118	6.918	7.00
		0.75	7.378	7.118	7.20
M10	粗	1.5	8.626	8.376	8.50
	细	1.25	8.867	8.647	8.70
		1	9.118	8.918	9.00
		0.75	9.378	9.118	9.20
M12	粗	1.75	10.386	10.106	10.20
	细	1.5	10.626	10.376	10.50
		1.25	10.867	10.647	10.70
		1	11.118	10.918	11.00
M16	粗	2	14.135	13.835	13.90
	细	1.5	14.626	14.376	14.50
		1.0	15.118	14.918	15.00

3）攻丝转速

丝锥攻螺纹时，进给速度的选择取决于螺纹导程，对于刚性攻丝和用浮动攻丝夹头的浮动攻丝，攻丝时的进给速度 F 计算如下：

$$F = P \times S$$

式中　F——进给速度，mm/min，一般不要带小数；

　　　P——螺距，mm；

　　　S——主轴转速，r/min。

4）攻丝夹头

MT-G 莫氏圆锥攻丝夹头如图 1-73 所示，轴向有一定伸缩量，用于浮动攻丝。配套的攻丝夹套如图 1-74 所示，用来夹持丝锥。

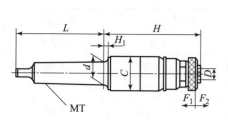

图1-73 MT-G莫氏圆锥攻丝夹头

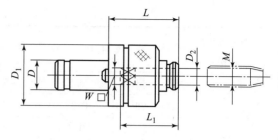

图1-74 GT攻丝夹套

（二）圆孔定位及定位元件

车床上以圆孔定位用得较多。

工件以圆柱孔作为定位基准时，常用的定位元件有定位销、圆柱芯轴、圆锥销和圆锥芯轴。

1. 定位销

图1-75所示为固定式定位销。A型圆柱销限制工件的两个自由度，B型菱形销限制工件一个自由度。大批大量生产时，常用图1-75（a）右侧所示的带衬套的结构形式，便于更换定位销。定位销的头部常带有15°倒角，便于插入工件。

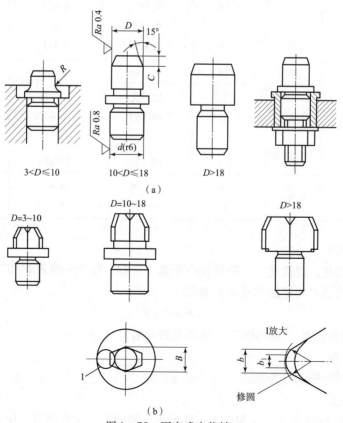

图1-75 固定式定位销

(a) A型圆柱销；(b) B型菱形销

2. 圆柱芯轴

图 1-76 所示为常用圆柱芯轴的结构形式。图 1-76（a）所示为间隙配合芯轴，装卸工件较方便，但定心精度不高。图 1-76（b）所示为过盈配合芯轴，由引导部分 1、工作部分 2 和传动部分 3 组成。这种芯轴制造简单，定心准确，不用另设夹紧装置，但装卸工件不便，易损伤工件定位孔，因此，多用于定心精度要求较高的精加工。图 1-76（c）所示为花键芯轴，用于加工以花键孔定位的工件。

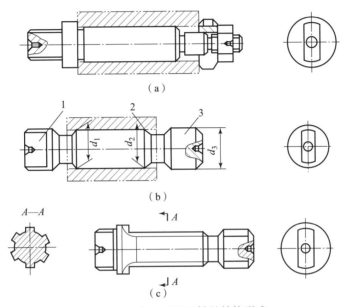

图 1-76 常用圆柱芯轴的结构形式
（a）间隙配合芯轴；（b）过盈配合芯轴；（c）花键芯轴

3. 圆锥销

采用圆锥销定位时，圆锥销与工件圆孔的接触线为一个圆，限制工件的 X、Y、Z 三个移动自由度。其中图 1-77（a）用于粗定位基面，图 1-77（b）用于精定位基面。工件在单个圆锥销上定位容易倾斜，为此，圆锥销一般与其他定位元件组合定位。

4. 圆锥芯轴（小锥度芯轴）

如图 1-78 所示，工件在锥度芯轴上定位，并靠工件定位圆孔与芯轴限位圆锥面的弹性变形夹紧工件。

这种定位方式的定心精度高，为 $\phi 0.01 \sim 0.02$ mm，但工件的轴向位移误差较大，适用于工件定位孔精度不低于 IT7 的精车和磨削加工，不能加工端面。

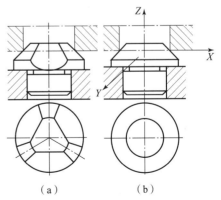

图 1-77 圆锥销
（a）用于粗定位基面；（b）用于精定位基面

上述定位元件能自动地将工件的轴线确定在要求的位置上，这种定位方式称为定心定位。常见的定位元件所能限制的自由度如表 1-18 所示。

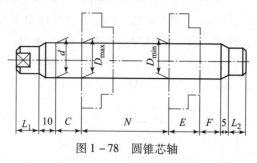

图 1-78 圆锥芯轴

表 1-18 常用的定位元件所能限制的自由度

简图及名称	限制的自由度	简图及名称	限制的自由度
支承钉（光基准用）	1 $\vec{Z}$	长圆柱销	4 $\vec{Y},\vec{Z}$ $\widehat{Y},\widehat{Z}$
短圆柱销（与孔接触）	2 $\vec{X},\vec{X}$	三个成一平面的支承钉	3 $\vec{Z}$ $\widehat{X},\widehat{Y}$
短V形块（与圆柱面接触）	2 $\vec{X},\vec{Z}$	浮动顶尖　后顶尖	4 $\vec{Y}$ $\vec{Z}$ $\widehat{Y},\widehat{Z}$
摇板	1 $\vec{Z}$	长衬套	4 $\vec{Y},\vec{Z}$ $\widehat{Y},\widehat{Z}$
短锥销　短锥套	3 $\vec{X},\vec{Y},\vec{Z}$	长圆锥销	5 $\vec{X},\vec{Y},\vec{Z}$, $\widehat{Y},\widehat{Z}$

简图及名称	限制的自由度	简图及名称	限制的自由度
长V形块（与圆柱面接触）	4 $\vec{X}, \vec{Z}$ $\overset{\frown}{X}, \overset{\frown}{Z}$	前死顶尖　后顶尖	5 $\vec{X}, \vec{Y}, \vec{Z},$ $\overset{\frown}{Y}, \overset{\frown}{Z}$

五、思考与练习

判断题：

1. 刀具磨损越慢，切削加工时间就长，即刀具寿命越长。　　　　（　）
2. 加工螺纹的加工速度应比车外圆的加工速度快。　　　　　　　（　）
3. 只有使用 I、K 编程才能进行 G02/G03 的全圆插补。　　　　　（　）
4. 车床镗孔时，镗刀刀尖一般应与工件旋转中心等高。　　　　　（　）
5. G01 指令是模态的。　　　　　　　　　　　　　　　　　　　（　）

项目二
模具零件的数控铣削加工

📖 教学目标

- 会制定各类模具零件的数控加工工艺。
- 会正确选择数控铣床、刀具、夹具。
- 会确定切削用量。
- 会确定加工顺序及进给路线。
- 会用 FANUC–0i 和 FANUC–0MD 数控系统的指令编制各类模零件的数控加工程序。

📖 工作任务

- 完成模块 1~4 中各类模具零件的数控加工工艺编制及程序编制。

模块 1　凸模零件的外轮廓加工

一、教学目标

1. 会制定平面类凸模零件的数控加工工艺。
2. 了解数控铣床及加工中心的结构，会正确选用数控机床。
3. 会正确选择夹具并确定零件的装夹方案。
4. 会合理选用铣刀。
5. 会确定加工顺序及进给路线。
6. 会确定切削用量。
7. 会用 FANUC – 0i 数控系统的 G92、G54 ~ G59、G00 ~ G03、G17 ~ G19、G20/G21、G40/G41/G42、G90/G91 等指令编程。
8. 会用 FANUC – 0MD 数控系统的 S、F、M、D 等指令编程。
9. 会编制平面类凸模零件的数控加工程序。

二、工作任务

（一）零件图纸

凸模零件如图 2 – 1 所示。

（二）生产纲领

加工 5 件。

三、工作化学习内容

（一）编制凸模零件的数控加工工艺

1. 分析零件工艺性能

该零件外形尺寸：长×宽×高 = 100×80×17，是形状规整的长方体 ZL4 铸铝小零件。

加工内容：零件的上平面，下台阶面，90×70×3 并且 4 个角均为 R10 圆角过渡的凸台轮廓和 $\phi60$ 深度 2 的圆形凸台，其余表面不加工。

加工精度：尺寸精度、形位公差均为自由公差，上表面、90×70×3 凸台和 $\phi60$ 圆形凸台，轮廓表面粗糙度均为 Ra3.2，下台阶面表面粗糙度为 Ra6.3。

2. 选用毛坯或明确来料状况

采用车间现有 100×80×20 的锻铝板料代替 ZL4 铸铝。

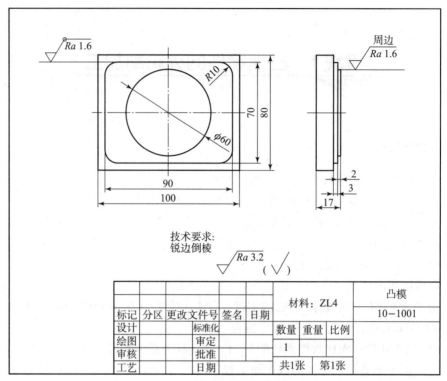

图 2-1 凸模零件

3. 选用数控机床

由于零件比较简单，加工的过程中不需要换刀，所以选用车间里现有的三轴联动 TK7640 数控立式铣床。

4. 确定装夹方案

定位基准的选择：毛坯下表面+两个长侧面。

夹具的选择：选用通用夹具——机用平口虎钳装夹工件。

5. 确定加工方案及加工顺序

根据零件形状及加工精度要求，一次装夹完成所有加工内容。上平面要求表面粗糙度为 $Ra3.2$，铣削一次能达到加工要求；两凸台轮廓要求表面粗糙度为 $Ra3.2$，分粗、精加工两次完成；下台阶面要求表面粗糙度为 $Ra6.3$，加工凸台轮廓时分粗、精加工两次完成。

先用端铣刀加工工件上表面，然后用立铣刀加工工件的两凸台轮廓。

6. 选择刀具

铣削上平面选用标准 8 齿 $\phi100$ 可转位端铣刀。

粗、精加工凸轮廓时，由于加工外轮廓，应尽量选用大直径刀，以提高加工效率。选用 $\phi16$ 的三齿平底高速钢立铣刀。

7. 确定切削用量

1) 铣削顶面

8 齿 $\phi100$ 端铣刀铣削顶面,侧吃刀量 $a_e = 80$,背吃刀量 $a_p = 3$,查表取切削速度 $v_c = 120$ m/min,则主轴转速 n(编程时主轴转速用 S 表示)为

$$n = 1\,000 v_c/(\pi D) = 1\,000 \times 120/(3.14 \times 100) \approx 380\,(\text{r/min})$$

式中 v_c——切削速度;

D——刀具直径。

查表取每齿进给量 $f_z = 0.08$ mm/r,则进给速度 v_f(编程时用 F 表示,下同)为

$$v_f = 0.08 \times 8 \times 380 \approx 240\,(\text{mm/min})$$

2) 铣削轮廓

3 齿 $\phi16$ 立铣刀,材料为高速钢。铣削凸台轮廓和台阶面时分粗、精铣削。

粗铣:背吃刀量的范围为 1.8~4.8,留 0.2 精铣余量;侧吃刀量的范围为 4.8~11.01,也留 0.2 精铣余量。

查表取切削速度 $v_c = 30$ m/min,则主轴转速 n 为

$$n = 1\,000 v_c/(\pi D) = 1\,000 \times 30/(3.14 \times 16) \approx 600\,(\text{r/min})$$

查表取每齿进给量 $f_z = 0.1$ mm/r,则进给速度 v_f 为

$$v_f = 0.1 \times 3 \times 600 = 180\,(\text{mm/min})$$

精铣:侧吃刀量为 0.2,背吃刀量为 0.2。

查表取切削速度 $v_c = 40$ m/min,则主轴转速 n 为

$$n = 1\,000 v_c/(\pi D) = 1\,000 \times 40/(3.14 \times 16) \approx 800\,(\text{r/min})$$

查表取每齿进给量 $f_z = 0.05$ mm/r,则进给速度 v_f 为

$$v_f = 0.05 \times 3 \times 800 = 120\,(\text{mm/min})$$

8. 填写工艺文件

根据上述分析与计算,填写表 2-1 数控加工工艺卡片。

表 2-1 数控加工工艺卡片

单位名称		零件名称	零件材料	零件图号
		凸模	铸铝 ZL4	10-1001
工序号	程序编号	夹具名称	使用设备	车间
	01/02	平口虎钳	TK7640 数控立铣床	

工步号	工步内容	刀具号	刀具规格 /mm	主轴转速 /(r·min^{-1})	进给速度 /(mm·r^{-1})	背吃刀量 /mm	备注
1	铣顶面达 $Ra3.2$,厚 17	T01	$\phi100$	380	240	3	
2	粗铣轮廓,留精加工余量 0.2	T02	$\phi16$	600	180	1.8~4.8	

续表

工步号	工步内容	刀具号	刀具规格/mm	主轴转速/(r·min^{-1})	进给速度/(mm·r^{-1})	背吃刀量/mm	备注
3	精铣轮廓达图纸要求	T02	φ16	800	120	0.2	
4	清理、入库						
编制		审核		批准	年 月 日	共 页	第 页

(二) 编制凸模零件的数控加工程序

1. 建立工件坐标系

如图2-2所示,在XY平面上,把工件坐标系的原点O建立在工件正中心。Z轴的原点O在工件上表面。这样确定工件坐标系原点的位置是因为本工件对称,不仅有利于编程坐标计算,而且工件坐标系的原点在机床坐标系中的位置数据比较容易测得,即容易对刀。当然,工件坐标系的原点也可以建立在工件的四个角上,不过这样不利于毛坯的对称分布。

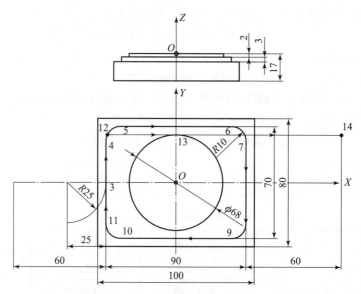

图2-2 凸模零件加工的进给路线图

2. 确定编程方案及刀具路径

先用T01刀具编一个程序。φ100端铣刀先从机床坐标系的原点开始快速定位到1点的上方,然后下刀到要求高度,不用刀补,直线插补过毛坯的右端面55后抬刀。

再用T02刀具编一个程序。φ16立铣刀先从机床坐标系的原点开始快速定位到1点的上方,下刀到要求高度,直线插补建立刀具半径补偿置2点后沿3-4-5-6-7-8-

9-10-11-3点路线铣削，抬刀置Z=-2，直线插补置12点再到13点，加工整圆回到13点，从13-14点取消刀具半径补偿，最后在14点抬刀。

3. 计算编程尺寸

编程所需的基点坐标如表2-2所示。

表2-2 基点坐标

基点序号	X坐标值	Y坐标值	基点序号	X坐标值	Y坐标值
1	-105	0	8	45	-25
2	-70	-25	9	35	-35
3	-45	0	10	-35	-35
4	-45	25	11	-45	-25
5	-35	35	12	-45	30
6	35	35	13	0	30
7	45	25	14	105	30

4. 编制程序

凸模零件加工主程序如表2-3和表2-4所示。

表2-3 凸模零件上平面加工主程序

主程序	注释
O0001; N10 G90 G54 G00 X-105 Y0 M03 S380; N20 Z-3; N30 G01 X105 F240; N40 G00 Z200; N50 M30;	φ100端铣刀铣削凸模零件上平面加工主程序； 绝对输入，调用第一工件坐标系，快速置位到1点上方，主轴正转，转速380 r/min； 下刀置Z-3平面； 以进给速度240 mm/min直线插补过毛坯的右端面55 mm； 抬刀置Z200平面； 程序结束。

表2-4 凸模零件轮廓粗、精加工主程序

主程序	注释
O0002; N10 G90 G55 G00 X-105 Y0 M03 S600;	φ16立铣刀铣凸模零件轮廓粗、精加工主程序； 绝对输入，调用第二工件坐标系，快速置位到1点上方，主轴正转，转速600 r/min（精加工S取800）；

续表

主程序	注释
N20 Z-4.8;	下刀置 Z-4.8 平面（精铣轮廓理论 Z-5，要实测）；
N30 G41 G01 X-70 Y-25 D01 F180;	以进给速度 180 mm/min 直线插补置 2 点建立左刀补（精加工时 F 取 120，粗加工 D01 取 8.2，精加工理论值 8，要实测）；
N40 G03 X-45 Y0 R25;	插补置点 3；
N50 G01 Y25;	插补置点 4；
N60 G02 X-35 Y35 R10;	插补置点 5；
N70 G01 X35;	插补置点 6；
N80 G02 X45 Y25 R10;	插补置点 7；
N90 G01 Y-25;	插补置点 8；
N100 G02 X35 Y-35 R10;	插补置点 9；
N110 G01 X-35;	插补置点 10；
N120 G02 X-45 Y-25 R10;	插补置点 11；
N130 G01 Y0;	插补置点 3；
N140 Z-1.8;	抬刀置 Z-1.8 平面（精铣轮廓理论 Z-2，要实测）；
N150 Y30;	插补置点 12；
N160 X0;	插补置点 13；
N170 G02 J-30;	铣 $\phi60$ 整圆
N180 G40 G01 X105;	插补置点 14 并取消刀补；
N190 G00 Z200;	抬刀置 Z200 平面；
N200 M30;	程序结束。

四、相关的理论知识

（一）数控铣削加工机床结构

1. 数控铣床分类

模具零件大都用刀具切削成型，刀具在工件表面上连续切削要有主运动和进给运动。普通铣床是固定在主轴上的刀具随主轴做回转主运动，装夹在工作台上的工件由手工操作相对刀具做三维进给运动进行切削。

数控铣床的加工，就是按普通机床切削模式用旋转伺服电动机通过传动精度较高的同步带直接驱动主轴做回转主运动，用旋转伺服电动机传动精度较高的滚珠丝杠螺母副，把旋转运动变成直线运动。数控铣床的装夹工作台就是用这两种传动机构传动的，使刀具能在工件上做三维铣削。

数控铣床增加刀具库架就成为加工中心机床，加工中心可以在加工过程中按需要自行换刀，工件一次装夹后，可以对加工面进行铣、镗、钻、扩、铰以及攻螺纹等多工序连续加工。

数控铣床和加工中心主要区别在于：加工中心比数控铣床增加了一个容量较大的刀库和自动换刀装置，可以连续自动完成不同刀具的不同加工内容。

按照主轴与工作台相对位置分类，数控铣床可分为卧式数控铣床、立式数控铣床和万能数控铣床。按工件和主轴运动方式可分为三轴数控铣床、四轴数控铣床和五轴数控铣床。

1）三轴数控铣床

图 2-3（a）所示为立式数控铣床，XOY 平面为工件运动平面，刀具在 Z 轴方向上下运动，刀具相对工件能在 X、Y、Z 三个坐标轴方向上做进给运动，这样的数控铣床称为三轴数控铣床。图 2-3（b）所示为卧式数控铣床。

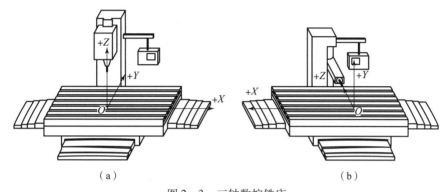

图 2-3 三轴数控铣床

（a）立式数控铣床；（b）卧式数控铣床

2）四轴数控铣床

如果把工件装夹在图 2-4（a）所示的 X、Z 方向工作台上还能绕 Y 轴回转，或者把工件装夹在图 2-4（b）所示的 X、Y 方向工作台上还能绕 X 轴回转，绕坐标轴旋转也作为一轴，就称四轴数控铣床。

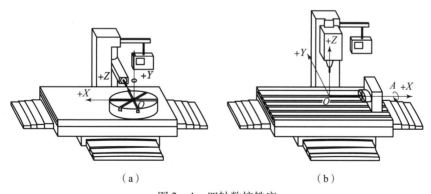

图 2-4 四轴数控铣床

（a）绕 Y 轴回转；（b）绕 X 轴回转

3）五轴数控铣床

如果在四轴基础上让图 2-5 所示的主轴也做回转运动，就称五轴数控铣床。轴数越多，铣床加工能力越强，加工范围越广。

2. 数控铣削加工中心的结构

无论哪一种结构形式的数控铣床,除机床基础件外,主要由以下系统组成(图2-6):计算机数控系统;主传动系统;进给传动系统;实现某些动作和辅助功能的系统和装置,如液压、气动、润滑、冷却等系统,排屑、防护等装置,刀架和自动换刀装置,自动托盘交换装置;特殊功能装置,如刀具破损监控、精度检测和监控装置。

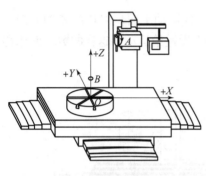

图2-5 五轴数控铣床

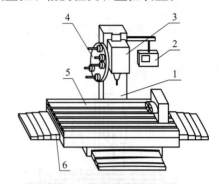

图2-6 数控铣加工中心结构
1—立柱;2—计算机数控系统;3—主传动系统;
4—刀库;5—工作台;6—滑轨

机床基础件(或称机床大件)通常是指床身、底座、立柱、横梁、滑座、工作台等,它们是整台机床的基础和框架。机床的其他零、部件固定在基础件上,或工作时在其导轨上运动。

对于加工中心,除上述组成部分外,有的还有双工位工件自动交换装置。柔性制造单元还带有工位数较多的工件自动交换装置,有的甚至还配有用于上下料的工业机器人。具体如图2-6所示。

(二)工件的定位与装夹

1. 工作台

立式数控铣床工作台不做分度运动,其形状一般为长方形,装夹为T型槽,如图2-7所示。槽1,2,4为装夹用T型槽,槽3为基准T型槽。

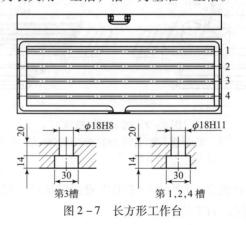

图2-7 长方形工作台

2. 平口虎钳

通用夹具作为机床附件已标准化、系列化,适用于工件形状比较规则的单件小批量零件的装夹。所以本项目选用回转式平口虎钳装夹零件。图 2-8 所示为回转式平口虎钳,主要由固定钳口、活动钳口、底座等组成。钳体能在底座上任意扳转角度。装夹工作时先把平口虎钳固定在工作台上并校准,然后装夹工件。

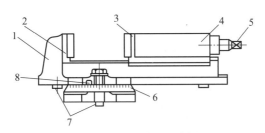

图 2-8 回转式平口虎钳
1—钳体;2—固定钳口;3—活动钳口;4—活动钳身;5—丝杠方头;
6—底座;7—定位键;8—钳体零线

3. 工件装夹

数控机床上零件的安装方法与普通机床一样,要合理选择定位基准和夹紧方案,且注意以下两点:

(1) 力求设计、工艺与编程计算的基准统一,这样有利于编程时数值计算的简便性和精确性。

(2) 尽量减少装夹次数,尽可能在一次定位装夹后,加工出全部待加工表面。

(三) 刀具的选择

刀具选择与被加工材料、加工工序内容、机床的加工能力、切削用量等有关。总的选择原则是适用、安全、经济。

适用是要求所选择的刀具能实现切削加工的目的和加工精度。

安全是指刀具要具有足够的刚度、强度和硬度,保证刀具必要的使用寿命。

经济是指用最小的刀具成本完成加工目的。

刀具的主要技术指标是刀具的制造精度和刀具寿命,它们的高低与刀具的价格成正比。加工同一结构,选择耐用度和精度高的刀具必然增加刀具成本,但也可以使加工的质量和效率提高,从而使加工总成本降低,加工效益更高。一般情况下,加工切削低硬度金属选择高速钢或硬质合金刀具,切削高硬度金属,必须选用硬质合金或强度更高的刀具。

数控加工的刀具从构造上可以分为整体式、镶嵌式两种类型,镶嵌式又分为焊接式和机夹式。从制造的材料分类,数控加工的刀具有高速钢刀具、硬质合金刀具、陶瓷刀具、立方氮化硼刀具、金刚石刀具等。

下面重点介绍在数控加工方面常用的刀具形状、加工特点。

1. 端铣刀

端铣刀主要用于在铣床上加工平面、台阶等。

端铣刀切削刃多制成套式镶齿结构，分布在面铣刀的圆周表面和端面上，如图2-9所示。刀齿采用硬质合金或高速钢材料，刀体为40Cr。硬质合金端铣刀允许的铣削速度较高，加工效率高，加工质量也比高速钢端铣刀好，应用广泛。

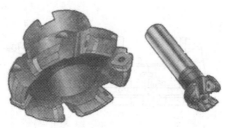

图2-9 可转位式硬质合金端铣刀

图2-9所示为可转位式硬质合金端铣刀，可转位刀片通过夹紧元件夹固在刀体上，当一个切削刃磨钝后，可将刀片转位或更换新的刀片。

2. 立铣刀

立铣刀主要用于在铣床上加工凹槽、台阶面等。

立铣刀的结构如图2-10所示。切削刃分布在刀头的端面和圆柱面上，端刃和周刃可以同时切削，也可以单独切削，端刃用来加工底平面，周刃用来加工侧立面。

立铣刀分两刃、三刃和四刃立铣刀。

3. 键槽铣刀

键槽铣刀用于在立式铣床上加工普通平键的键槽等，其形状与两刃立铣刀相似，如图2-11所示。键槽铣刀不用预钻工艺孔直接轴向进给到槽深，再沿键槽方向铣出键槽全长。

图2-10 立铣刀的结构　　　　　图2-11 键槽铣刀

4. 球头铣刀

球头铣刀是在立式铣床上加工模具小型型腔和空间曲面的立式铣刀。按切削部位形状可分为圆锥形立铣刀（图2-12）和圆柱球头立铣刀、圆锥球头立铣刀（图2-13）；按刀柄形状可分为直柄和锥柄立铣刀。球头铣刀的结构特点是切削部分的圆周和球头带有连续的切削刃，可以进行轴向和径向的进给加工；小型立铣刀（直径20 mm以下）多采用整体结构，大型立铣刀采用焊接或可转位刀片结构制造。图 2-14 所示为可转位球头立铣刀和可转位圆刀片铣刀。

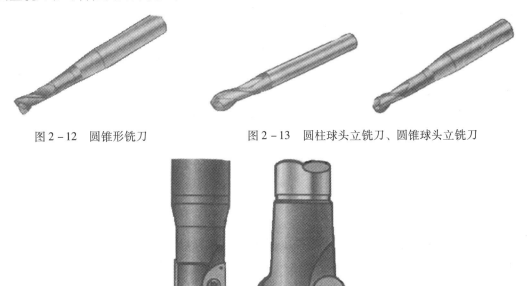

图 2-12　圆锥形铣刀　　　　图 2-13　圆柱球头立铣刀、圆锥球头立铣刀

图 2-14　可转位球头立铣刀和可转位圆刀片铣刀

（四）铣削加工进给路线的分析

刀具切入、切出工件轮廓时，应沿切入、切出点的切线或延长线方向进行，这样能最大限度地减小接刀痕迹，有利于保证切入点和切出点光滑。图 2-15 和图 2-16 分别为内、外型腔用立铣刀侧面铣削的走刀路线，表示切线、延长线、圆弧过渡三种切入/切出方式。图 2-15 所示为铣内、外圆轮廓，其中铣外圆轮廓切线切入/切出路径是 1→2→9→4→2→3，铣外圆轮廓圆弧过渡切入/切出路径是 11→8→9→4→2→9→10→11，铣内圆轮廓圆弧过渡切入/切出路径是 6→5→4→2→9→4→7→6。图 2-16 所示为铣非

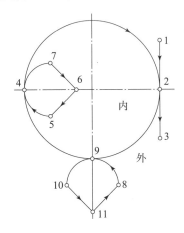

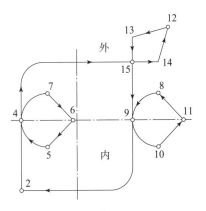

图 2-15　铣内、外圆轮廓刀具　　　图 2-16　铣非内、外圆轮廓刀
　　　切入/切出方式　　　　　　　　　　具切入/切出方式

内、外圆轮廓，其中铣外轮廓延长线切入/切出路径是 12→13→15→9→2→4→15→14→12，铣外轮廓圆弧过渡切入/切出路径是 11→8→9→2→4→15→9→10→11，铣内轮廓圆弧过渡切入/切出路径是 6→5→4→15→9→2→4→7→6。切入/切出方式的起点与终点重合与否和接刀痕迹大小无关，与后续的深度分层铣削有关。

（五）数控铣床坐标系

1. 机床参考点

通常数控铣床的参考点是机床的一个固定点，在这个位置交换刀具或设定坐标系，是编程的绝对零点和换刀点。把刀具移动到参考点，可采用手动返回参考点和自动返回参考点。

1）手动返回参考点

机床每次开机后必须首先执行返回参考点再进行其他操作，按手动返回参考点按扭完成。

2）自动返回参考点

通常在接通电源后，首先执行手动返回参考点设置机床坐标系。然后，用自动返回参考点功能，将刀具移动到参考点进行换刀。机床坐标系一旦设定，就保持不变，直到电源关闭为止。

2. 工件坐标系

实际加工时，工件装夹到工作台的位置是不确定的，因此机床坐标系无法事先确定刀轨与工件的位置关系。为了解决这个问题就要设置相对坐标系，称为工件坐标系，有的称加工坐标系。每台数控机床都有一个如图 2-17 所示的 $X_0Y_0Z_0$ 坐标系，该坐标系称为机床坐标系。机床坐标系的原点 O_0 由生产厂家出厂前设定，一般固定不变。工件坐标系 $X_M Y_M Z_M$ 和机床坐标系相对关系如图 2-17 所示。

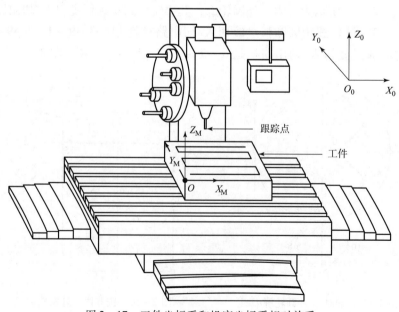

图 2-17 工件坐标系和机床坐标系相对关系

(六) 基本编程功能简介

本节以配备 FANUC – OMD 系统的数控铣床和加工中心为例,介绍数控铣床和加工中心的编程方法。

1. F、S、T 功能

1) 进给功能——F 功能

指令格式:F ___ ;

进给功能用于指定进给速度,由 F 代码指定,其单位为 mm/min,范围是:1 ~ 15 000。例如,F200 表示进给速度为 200 mm/min。

使用机床操作面板上的开关,可以对快速移动速度或切削进给速度使用倍率。为防止机械振动,在刀具移动开始和结束时,自动实施加/减速。

2) 主轴功能——S 功能

指令格式:S ___ ;

S 功能用于设定主轴转速,其单位为 r/min,范围是:0 ~ 20 000。S 后面可以直接指定四位数的主轴转速,也可以指定两位数表示主轴转速的千位和百位。例如,S10 表示主轴转速为 1 000 r/min。

3) 刀具功能——T 功能

指令格式:T ___ ;

当机床进行加工时,必须选择适当的刀具。给每个刀具赋给一个编号,在程序中指令不同的编号时,就选择相应的刀具。T 功能用于选择刀具号,其范围是 T00 ~ T99。当机床换刀时要配合辅助功能 M06 使用。例如,要调用放在 ATC(自动刀具交换装置)的 2 号位刀具时,通过指令 M06 T02 就可以调用该刀具。

2. 辅助功能——M 功能

辅助功能用于指令机床的辅助操作,如主轴的启动、停止,冷却液的开、关等。常用的 M 代码及其含义如表 2 – 5 所示。

表 2 – 5 常用 M 代码及其含义

M 代码	功能	说明
M00 M01	程序停 计划停	后指令码
M02 M30	程序结束 程序结束并返回	后指令码
M03 M04	主轴正转 主轴反转	前指令码
M05	主轴停	后指令码

续表

M 代码	功能	说明
M06	换刀	后指令码
M07	冷却液开	前指令码
M08	冷却液关	后指令码
M13	主轴正转、冷却液开	前指令码
M14	主轴反转、冷却液关	
M17	主轴停、冷却液停	后指令码
M98	调用子程序	后指令码
M99	子程序结束	

说明：M 代码可分为前指令码和后指令码。其中前指令码可以和移动指令同时执行，如"G01 X20 M03"表示刀具移动的同时主轴也旋转；而后指令码必须在移动指令完成后才能执行，如"G01 X20 M05"表示刀具移动 20 mm 后主轴才停止。

一般情况一个程序段仅能指定一个 M 代码，有两个以上 M 代码时，最后一个 M 代码有效。

3. 准备功能——G 功能

准备功能用于指令机床各坐标轴运动。有两种代码：一种是模态代码，一旦指定将一直有效，直到被另一个模态码取代；另一种为非模态码，只在本程序段中有效。本系统的 G 功能如表 2-6 所示。

表 2-6 部分 G 代码及其功能

G 代码	组	功能	
▼G00	01	定位	
▼G01		直线插补	
G02		圆弧插补/螺旋线插补 CW	
G03		圆弧插补/螺旋线插补 CCW	
G04	00	停刀，准确停止	
G08		先行控制	
G09		准确停止	
G10		可编程数据输入	
G11		可编程数据输入方式取消	
▼G17	02	选择 XP、YP 平面	XP：X 轴或其平行轴
▼G18		选择 ZP、XP 平面	YP：Y 轴或其平行轴
▼G19		选择 YP、ZP 平面	ZP：Z 轴或其平行轴

续表

G 代码	组	功能
G20	06	英寸输入
G21		毫米输入
G27	00	返回参考点检测
G28		返回参考点
G29		从参考点返回
G33	01	螺纹切削
G37	00	自动刀具长度测量
G39		拐角偏置圆弧插补
▼G40	07	刀具半径补偿取消/三维补偿取消
G41		左侧刀具半径补偿/三维补偿
G42		右侧刀具半径补偿
G43	08	正向刀具长度补偿
G44		负向刀具长度补偿
G45	00	刀具偏置值增加
G46		刀具偏置值减小
G47		2 倍刀具偏置值
G48		1/2 倍刀具偏置值
▼G49	08	刀具长度补偿取消
G52	00	局部坐标系设定
G53		选择机床坐标系
▼G54	14	选择工件坐标系 1
G54.1		选择附加工件坐标系
G55		选择工件坐标系 2
G56		选择工件坐标系 3
G57		选择工件坐标系 4
G58		选择工件坐标系 5
G59		选择工件坐标系 6
G65	00	宏程序调用
G66	12	宏程序模态调用
▼G67		宏程序模态调用取消

续表

G 代码	组	功能
G73	09	排屑钻孔循环
G74		左旋攻丝循环
G76		精镗循环
▼G80		固定循环取消/外部操作功能取消
G81		钻孔循环、锪镗循环或外部操作功能
G82		钻孔循环或反镗循环
G83		排屑钻孔循环
G84		攻丝循环
G85		镗孔循环
G86		镗孔循环
G87		背镗循环
G88		镗孔循环
G89		镗孔循环
▼G90	03	绝对值编程
▼G91		增量值编程
G92	00	设定工件坐标系或最大主轴速度钳制
▼G94	05	每分进给
G95		每转进给
▼G98	10	固定循环返回到初始点
G99		固定循环返回到 R 点

说明：

（1）如设定参数，使电源接通或复位时 CNC 进入清除状态，此时模态 G 代码的状态如下：

①模态 G 代码的状态在表 2-6 中用▼指示。

②当电源接通或复位而使系统为清除状态时，原来的 G20 或 G21 保持不变。

③设定参数可以选择 G00 还是 G01。

④设定参数可以选择 G90 还是 G91。

⑤设定参数可以选择 G17、G18 或者 G19。

（2）00 组 G 代码中，除了 G10 和 G11 以外，其他的都是非模态 G 代码。

（3）可以在同一程序段中指令多个不同组的 G 代码。如果在同一程序段中指令了多个同组的 G 代码，仅执行最后指令的 G 代码。

（4）如果在固定循环中指令了 01 组的 G 代码，则固定循环被取消，这与指令 G80 的状态相同。注意：01 组 G 代码不受固定循环 G 代码的影响。

(5) G 代码按组号显示。

(七) 常用编程指令

1. 工件坐标系的设定

编程时必须首先确定工件零点。工件零点通常设定在工件或夹具的合适位置上,便于对刀测量、坐标计算,若能与定位基准重合则可以减少装夹误差。设定工件坐标系的方法有两种:G92 法和 CRT/MDI 面板输入法 (G54~G59)。

1) G92 法

在程序中,在 G92 之后指定一个值来设定工件坐标系。

指令格式:(G90) G92 X___ Y___ Z___;

说明:

设定工件坐标系,使刀具上的点(例如,刀尖)位于指定的坐标位置。如果在刀具长度偏置期间用 G92 设定坐标系,则 G92 用无偏置的坐标值设定坐标系。刀具半径补偿被 G92 临时删除。

例 2-1 如图 2-18 (a) 所示,设定工件坐标系。

用 G92 X25.2 Z23 指令设置坐标系 (刀尖是程序的起点)。

例 2-2 如图 2-18 (b) 所示,设定工件坐标系。

用 G92 X600 Z1200 指令设置坐标系 (刀柄上的基准点是程序的起点)。

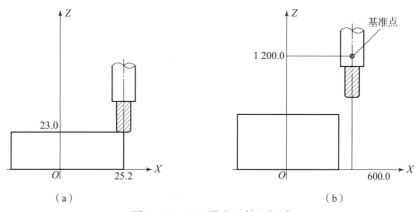

图 2-18 G92 设定工件坐标系

如果发出绝对指令,基准点移动到指令位置。为了把刀尖移动到指令位置,则用刀具长度偏差来补偿刀尖到基准点的差。

2) CRT/MDI 面板输入法 (G54~G59)

用 MID 面板可设定 6 个工件坐标系 G54~G59,图 2-19 所示为机床坐标系与工件坐标系的关系。对刀时只需将工件零点在机床坐标系当中的位置坐标输入到 G54~G59 任意一个工件坐标系当中,编程时直接调用即可。

例 2-3 如图 2-20 所示,用 G55 选择工件坐标系 2,刀具定位到选择工件坐标系 2 的坐标点 (40, 100)。

G90 G55 G00 X40 Y100;

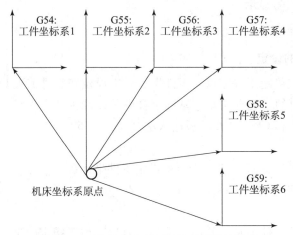

图 2-19　机床坐标系与工件坐标系的关系

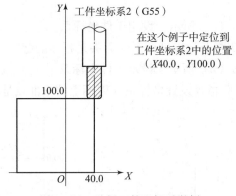

图 2-20　选择工件坐标系举例

2. 英制/公制转换　G20/G21

G20/G21 指令指定坐标尺寸的单位。G21 为公制输入方式，最小输入增量为 0.001 mm；G20 为英制输入方式，最小输入增量为 0.000 1 in。

3. 平面选择 G17~G19

对使用 G 代码的圆弧插补、刀具半径补偿和钻孔，需要用 G 代码指令选择平面，如表 2-7 所示。

在不使用 G17、G18、G19 的程序段中，平面维持不变。

表 2-7　由 G 代码选择的平面

G 代码	选择的平面	
▼ G17	选择 XP、YP 平面	XP：X 轴或其平行轴
▼ G18	选择 ZP、XP 平面	YP：Y 轴或其平行轴
▼ G19	选择 YP、ZP 平面	ZP：Z 轴或其平行轴

4. 绝对制/增量制 G90/G91

使用绝对制 G90 编制程序时,所使用的点的坐标都是相对于编程零点的,这些值是固定不变的;使用增量制 G91 编制程序时,终点坐标的确定是相对于起始点在各轴增加的值,与编程零点没有关系。

指令格式:G90 X ___ Y ___ Z ___;
　　　　　G91 X ___ Y ___ Z ___;

例 2-4　图 2-21 所示为绝对制/增量制(G90/G91)编程举例。

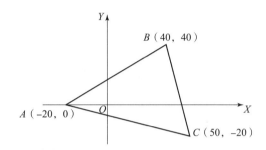

图 2-21　绝对制/增量制(G90/G91)编程举例

在图 2-21 中,所给出的 A、B、C 点坐标都是相对于坐标原点,即编程零点。如果使用绝对制 G90 方式,按照 A-B-C-A 顺序移动,则各点的坐标为 B(40,40)、C(50,-20)、A(-20,0);如果换成增量制 G91 方式,按照 A-B-C-A 顺序移动,则各点的坐标为 B(60,40)、C(10,-60)、A(-70,20)。由此可见,增量制 G91 与绝对制 G90 在确定点的坐标是不同的,在某一程序段中,增量制 G91 与绝对制 G90 不能同时使用。G90/G91 都属于模态码,一经指定,一直有效,直到用另一指令(G91/G90)来替换。

5. 刀具移动指令 G00~G03

1) G00 快速置位

指令格式:G00　X ___　Y ___　(Z ___) M ___　S ___　T ___;
其中:X ___　Y ___　(Z ___)为移动的终点坐标。

说明:

(1) G00 以机床的最大进给速度移动。F_{max} = 10 000 mm/min,因此一般不用来加工工件。在点动状态下,F_{max} = 5 000 mm/min,实际移动最大值为 4 995 mm/min。

(2) G00 在移动时先沿着与坐标轴夹 45°的直线移动,然后沿着与坐标轴平行的直线移动,到达终点。

(3) 对于 G00 指令,一般不使用 G00　X ___　Y ___　Z ___,即三根轴都发生移动,以防在运动时发生撞刀。如果在移动过程中,刀具可能与工件相碰,可以设定中间点,用两个 G00 程序段来表示,或者将刀具抬高,使刀具在工件上方移动到终点的(X,Y)处,再移动到终点的(Z)处。

(4) G00~G04 指令中前面的"0"可以省略,如 G00 = G0。

例 2-5 如图 2-21 所示，刀具当前在 A 点，按照 $A-B-C-A$ 顺序快速移动返回 A 点。

绝对制编程：G90　G00　X40　Y40　M03　S600；
　　　　　　X50　Y-20；
　　　　　　X-20　Y0；

增量制编程：G91　G00　X60　Y40　M03　S600；
　　　　　　X10　Y-60；
　　　　　　X-70　Y20；

2）G01 直线插补

指令格式：G01　X___　Y___　Z___　F___　M___　S___　T___；

说明：

（1）在第一次出现 G01 指令时，必须给定 F 值，否则将发生 011 号报警。在以后使用的 G01 指令中，如果不指定 F 值，将按上一程序段中 F 值进给。

（2）G01 指令可以进行三轴联动，加工空间直线，使用时注意用来加工的刀具是否可进行加工。

（3）G01 后（X，Y，Z）为移动的直线终点，其坐标可以用绝对制（G90）或增量制（G91）来表示。

例 2-6 如图 2-21 所示，刀具当前在 A 点，按照 $A-B-C-A$ 顺序直线插补返回 A 点。

绝对制编程：G90　G01　X40　Y40　F200　M03　S600；
　　　　　　X50　Y-20；
　　　　　　X-20　Y0；

增量制编程：G91　G00　X60　Y40　F200　M03　S600；
　　　　　　X10　Y-60；
　　　　　　X-70　Y20；

3）G02/G03 圆弧插补

指令格式 1：（G17/G18/G19）G02/G03　X___　Y___　(Z___)　R___　F___　M___　S___；

说明：

（1）本系统只能插补平面内的圆弧（包括整圆），即该圆弧必须在 XOY、XOZ、YOZ 平面内，分别用 G17～G19 来选择。对于空间的圆弧不能进行插补。系统接电后默认为 G17 状态，即已经选择了 XOY 平面。

（2）判断 G02、G03 的方法：由右手笛卡儿坐标系来判断与圆弧所在平面垂直的第三轴，沿着该轴负方向看要加工的圆弧，如果该圆弧是顺时针方向旋转，用 G02 指令，反之，用 G03 指令，如图 2-22 所示。

（3）R 值为圆弧半径，由所插补的圆弧对应的圆心角 α 决定，当 $0 < \alpha < 180°$ 时，R 为正值；当 $180° \leq \alpha < 360°$ 时，R 为负值。

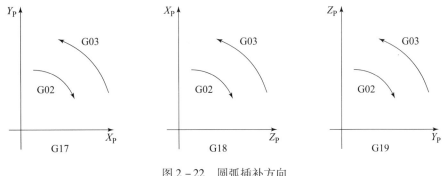

图 2-22 圆弧插补方向

（4）如果在插补圆弧的程序段中没有 R 值，将被视为直线移动。

（5）程序段中的进给速率与实际速率的误差 ≤ ±2%，但该速率是刀具补偿后沿圆弧测得。

（6）如果被编程的一个轴不在所选的平面中，系统将报警。

指令格式 2　（G17/G18/G19）G02/G03　X ___　Y ___　(Z ___)　I ___　J ___　(K ___)　F ___　M ___　S ___；

说明：

（1）插补参数 I、J、K 分别是圆弧起点到圆心的矢量在 X、Y、Z 方向的分量，即插补参数等于圆心坐标减去起点坐标，如图 2-23 所示，这与 G90/G91 无关。当插补参数为正时，表示运动方向与坐标轴正方向相同；当插补参数为负时，表示运动方向与坐标轴正方向相反；当插补参数为零时，可以省略不写。

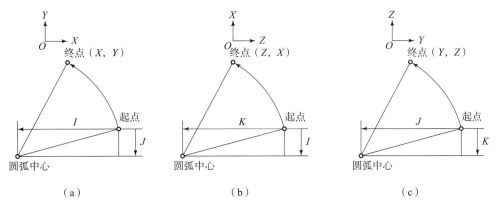

图 2-23　起始点到圆弧中心的距离 I、J 和 K 的方向
(a) 插补参数为正；(b) 插补参数为负；(c) 插补参数为零

（2）当插补的圆弧对应的圆心角 α=360°时，即所插补的圆弧为整圆时，不能用 R 编程，只能用 I、J、(K) 圆心坐标来编制程序。由于插补的圆弧为整圆，所以插补的起点与终点重合，即在插补整圆的程序段中没有 X、Y、(Z) 值，只有 I、J、(K) 圆心坐标值。

例 2-7　如图 2-24 所示，用上述两种 R 和插补参数指令格式编程。

各点的坐标

点	X	Y	点	X	Y
O	0	0	O_1	30	0
A	5	0	O_2	62.5	21.651
B	42.5	21.651	O_3	79.821	61.651
C	79.821	31.651	O_4	97.141	81.651
D	79.821	91.651			

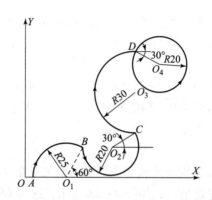

图 2-24 用 R 和插补参数指令格式编程举例

图 2-24 零件加工主程序如表 2-8 所示。

表 2-8 图 2-24 零件加工主程序

主程序	注释
00003;	
N10 G90 G54 G00 X0 Y0 M03 S800;	绝对输入,调用第一工件坐标系,快速置位到 O 点,主轴正转,转速 800 r/min;
N20 G01 X5 Y0 F80;	以进给速度 80 mm/min 直线插补置 A 点;
N30 G02 X42.5 Y21.651 R25;	顺圆弧插补置 B 点;
N40 G03 X79.821 Y31.651 I20 J0;	逆圆弧插补置 C 点;
N50 G91 G02 X0 Y60 R-30;	刀具以增量值顺圆弧插补置 D 点;
N60 G90 G03 I17.32 J-10;	刀具以绝对值逆圆弧插补走整圆;
N70 M30;	程序结束。

6. 撤销/建立刀具半径补偿 G40/G41、G42

1) 建立刀具半径补偿的原因

在加工轮廓(包括外轮廓、内轮廓)时,由刀具的刃口产生切削,而在编制程序时,是以刀具中心来编制的,即编程轨迹是刀具中心的运行轨迹。这样,加工出来的实际轨迹与编程轨迹偏差为刀具半径,这在实际加工时所不允许的。为了解决这个矛盾,可以建立刀具半径补偿,使刀具在加工工件时,能够自动偏移编程轨迹,形成正确的加工轨迹,如图 2-25 所示。

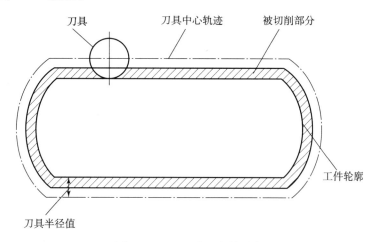

图 2-25　刀具半径补偿功能

2) 判别左刀补 (G41)/右刀补 (G42) 的方法

铣削加工的刀具半径补偿分为刀具半径左补 (G41) 和刀具半径右补 (G42),左右补 (偏) 的方向是这样规定的:左刀补指令 G41,沿着刀具的前进方向看刀具与工件的位置关系,刀具在工件的左侧;右刀补指令 G42,沿着刀具的前进方向看刀具与工件的位置关系,刀具在工件的右侧,如图 2-26 所示。

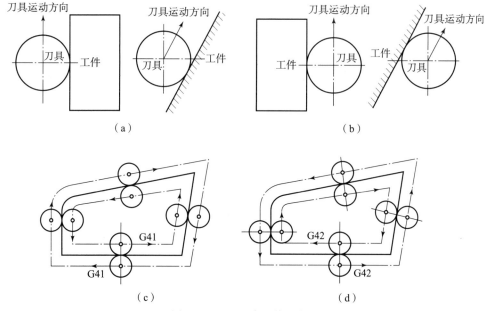

图 2-26　刀具半径偏置方向

(a) G41 左偏;(b) G42 右偏;(c) 内外轮廓 G41 刀补;(d) 内外轮廓 G42 刀补

3) 建立/取消刀具半径补偿

指令格式：G41/G42　G01/G00　X ___　Y ___　Dxx F ___ M ___ S ___；
　　　　　G40 G01/G00　X ___　Y ___　F ___ M ___ S ___；

说明：

(1) 建立刀补时只能在直线段建立，即使用 G00 或 G01，刀具中心在 XOY 平面移动的过程中实现偏移，在 Z 方向上移动时不能建立刀具半径补偿。考虑实际情况选择使用 G00、G01。刀具补偿的值在 DXX 代码中赋予，与所使用的 D 代码数字大小没有关系，但同一补偿代码只能对一把刀具使用（D001 ~ D400），其中 D000 默认为 0。

(2) 建立刀补时，刀具中心当前点到建立刀补的点之间的距离必须大于刀具的半径。在上面的例题中，即刀具中心 T 到 A 点的距离大于刀具半径。

(3) 刀补建立后，只能沿着单一方向加工，即顺时针或逆时针方向加工工件。对某一加工单元（直线段或圆弧段）不能重复编程。

(4) 在加工内轮廓时，刀具所建立刀补到达轮廓的点不能是基点（直线与直线、直线与圆弧、圆弧与圆弧的交点）。

例 2 – 8　如图 2 – 27 所示，运用半径补偿指令编制零件外轮廓加工程序，各点坐标如表 2 – 9 所示。

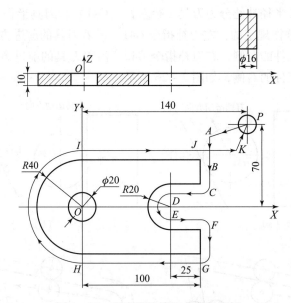

图 2 – 27　用半径补偿指令编程举例

表 2 – 9　各点的坐标

点	X	Y	点	X	Y
P	140	70	F	100	–20
A	100	60	G	100	–40
B	100	40	H	0	–40

续表

点	X	Y	点	X	Y
C	100	20	I	0	40
D	75	20	J	100	40
E	75	-20	K	120	40

零件外轮廓加工主程序如表 2-10 所示。

表 2-10 零件外轮廓加工主程序

主程序	注释
00004; N10 G90 G54 G00 X140 Y70 M03 S600;	绝对输入，调用第一工件坐标系，快速置位到 P 点上方，主轴正转，转速 600 r/min;
N20 Z-10;	下刀置 Z-10 平面;
N30 G41 G01 X100 Y60 D01 F180;	以进给速度 180 mm/min 直线插补置点 A，建立左刀补;
N40 Y20;	插补置点 C;
N50 X75;	插补置点 D;
N60 G03 Y-20 R20;	插补置点 E;
N70 G01 X100;	插补置点 F;
N80 Y-40;	插补置点 G;
N90 X0;	插补置点 H;
N100 G02 Y40 R40;	插补置点 I;
N110 G01 X120;	插补置点 K;
N120 G40 G00 X140 Y70;	插补置点 P 并取消刀补;
N130 G00 Z200;	抬刀置 Z200 平面;
N140 M30;	程序结束。

五、思考与练习

1. 数控铣床是如何分类的？
2. 铣刀分为哪几种类型，每种铣刀的加工特点是什么？
3. 加工轮廓时，为何要从切线方向切入或切出？
4. 什么是绝对尺寸编程？什么是增量尺寸编程？
5. 圆弧插补指令 G02、G03 的方向是如何规定的？圆弧半径 R 的正负是如何规定的？整圆能用半径编程吗？
6. 简述刀具半径补偿 G41/G42 的判断方法？
7. 编制如图 2-28 和图 2-29 所示零件的数控加工工艺与程序。

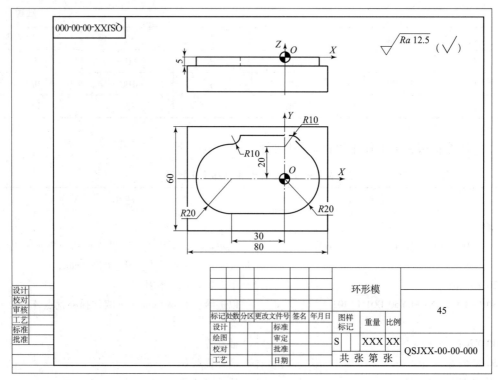

图 2-28 环形模零件

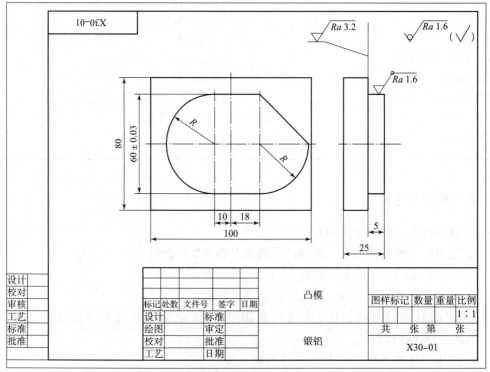

图 2-29 凸模零件

模块 2　凹模零件的内轮廓加工

一、教学目标

1. 会制定平面类凹模零件的数控加工工艺。
2. 会合理选择型腔加工的下刀方法。
3. 会合理选择型腔加工的进给路线。
4. 会灵活运用 FANUC -0i 数控系统的子程序功能编制程序。
5. 会编制平面类凹模零件的数控加工程序。

二、工作任务

（一）零件图纸

凹模零件如图 2 - 30 所示。

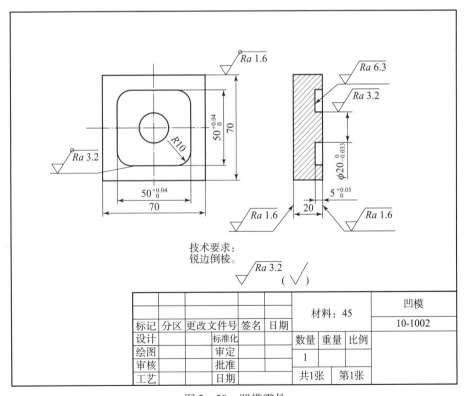

图 2 - 30　凹模零件

（二）生产纲领

加工 3 件。

三、工作化学习内容

（一）编制凹模零件的数控加工工艺

1. 分析零件工艺性能

由图 2-30 所示，该零件外形规整，为平面类带孤岛型腔，加工轮廓由直线、外圆弧和内圆弧构成。中心孤岛直径尺寸及凹腔长、宽尺寸有公差要求。型腔底面 $Ra6.3$，其余加工表面 $Ra3.2$。尺寸标注完整，轮廓描述清楚。

2. 选用毛坯或明确来料状况

选择尺寸为 $70 \times 70 \times 20$ 的 45#钢半成品件，上下表面已磨平、四侧面两两平行且与上下表面垂直。

3. 选用数控机床

由于零件比较简单，加工的过程中不需要换刀，所以选用车间里现有的三轴联动 TK7640 数控立式铣床。

4. 确定装夹方案

定位基准的选择：毛坯下表面 + 两个长侧面。

夹具的选择：选用通用夹具——机用平口虎钳装夹工件。

5. 确定加工方案

根据零件形状及加工精度要求，型腔及孤岛用立铣刀分粗、精铣两工步完成加工。深度方向由于采用摆动下刀法，所以孤岛外轮廓及型腔周边均留 0.3 mm 精铣余量。加切削液。

6. 选择刀具

窄沟宽为 $(50-20)/2=15$，沟槽四角最大宽度为 21.213，内圆弧半径为 10，用一把刀在内外侧面各走一刀成形，所以选用 $\phi12$ 的四齿平底高速钢立铣刀。

7. 确定切削用量

1）粗铣

查表取切削速度 $v_c = 22$ m/min，则主轴转速 n 为

$$n = 1\,000v_c/(\pi D) = 1\,000 \times 22/(3.14 \times 12) \approx 580 (\text{r/min})$$

查表取每齿进给量 $f_z = 0.06$ mm/r，则进给速度 v_f（编程时用 F 表示，下同）为

$$v_f = 0.06 \times 4 \times 580 \approx 140 \ (\text{mm/min})$$

2）精铣

查表取切削速度 $v_c = 25$ m/min，则主轴转速 n 为

$$n = 1\,000v_c/(\pi D) = 1\,000 \times 25/(3.14 \times 12) \approx 650(\text{r/min})$$

查表取每齿进给量 $f_z = 0.03$ mm/r，则进给速度 v_f 为

$$v_f = 0.03 \times 4 \times 650 \approx 80 \text{（mm/min）}$$

8. 填写工艺文件

根据上述分析与计算，填写表 2-11 数控加工工艺卡片。

表 2-11 数控加工工艺卡片

单位名称		零件名称	零件材料		零件图号	
		凹模	45#钢		10-1002	
工序号	程序编号	夹具名称	使用设备		车间	
	05/06	平口虎钳	TK7640 数控立铣床			
工步号	工步内容	刀具号	刀具规格 /mm	主轴转速 /(r·min^{-1})	进给速度 /(mm·r^{-1})	背吃刀量 /mm	备注
1	粗铣孤岛及型腔达 Ra6.3，侧面留 0.3 mm 精加工余量	T01	φ12	580	140	5	
2	精铣轮廓达图纸要求	T01	φ12	650	80	0	
3	清理、入库						
编制		审核		批准		年 月 日	共 页 第 页

（二）编制凹模零件的数控加工程序

1. 建立工件坐标系

如图 2-31 所示，在 XY 平面，把工件坐标系的原点 O 建立在工件正中心，Z 轴的原点 O 建立在工件上表面。

2. 确定编程方案及刀具路径

如图 2-31 所示，用 φ12 立铣刀先从机床坐标系的原点开始快速定位到 1 点的上方，快速下刀到安全平面 $Z = 10$，直线插补下刀到 $Z = 0$ 平面，在 1 点和 2 点之间往复摆动下刀直至 $Z = -5$ 平面，直线插补建立刀具半径补偿置 3 点后沿圆岛切点 4 进刀顺时针加工圆岛后回到 4 点，走逆时针圆弧切入点 5，然后沿 5-6-7-8-9-10-

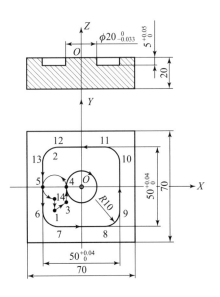

图 2-31 凹模零件加工的进给路线图

11－12－13－5－14 点路线铣削，从 14－1 点取消刀具半径补偿，最后在 1 点抬刀。

3. 计算编程尺寸

编程所需的基点坐标如表 2－12 所示。

表 2－12 基点坐标

基点序号	X 坐标值	Y 坐标值	基点序号	X 坐标值	Y 坐标值
1	－17.5	－15	8	15	－25
2	－17.5	15	9	25	－15
3	－10	－10	10	25	15
4	－10	0	11	15	25
5	－25	0	12	－15	25
6	－25	－15	13	－25	15
7	－15	－25	14	－17.5	－7.5

4. 编制程序

凹模零件编制程序如表 2－13 和表 2－14 所示。

表 2－13 凹模零件加工下刀槽子程序

子程序	注释
O0005；	φ12 立铣刀铣削凹模零件加工下刀槽子程序；
N10 G91 G01 Y30 Z－0.5；	增量编程，从 1 点向 Y 轴正方向进给 30 mm 置 2 点并向 Z 轴负方向增量进给 0.5 mm；
N20 Y－30 Z－0.5；	从 2 点向 Y 轴负方向进给 30 mm 返回 2 点并向 Z 轴负方向增量进给 0.5 mm；
N30 M99；	程序结束。

表 2－14 凹模零件内外轮廓粗、精加工主程序

主程序	注释
O0006；	φ12 立铣刀铣凹模零件内外轮廓粗、精加工主程序；
N10 G90 G54 G00 X－17.5 Y－15 M03 S580；	绝对输入，调用第一工件坐标系，快速置位到 1 点上方，主轴正转，转速 580 r/min（精加工 S 取 650）；
N20 Z10 M08；	下刀置 Z10 安全平面并打开冷却液；
N30 G01 Z0 F140；	以进给速度 140 mm/min 下刀置 Z0 平面（精加工时 F 取 80）；

续表

主程序	注释
N40 M98 P00050005；	调用子程序铣下刀槽；
N50 G90 G01 Y15；	插补置点2；
N60 Y-15；	插补置点1；
N70 G41 G01 X-10 Y-10 D01；	直线插补置3点建立左刀补（粗加工D01取6.2，精加工理论值6，要实测）；
N80 Y0；	插补置点4；
N90 G02 I10；	圆弧插补整圆回到点4；
N100 G03 X-25 Y0 R7.5；	插补置点5；
N110 G01 Y-15；	插补置点6；
N120 G03 X-15 Y-25 R10；	插补置点7；
N130 G01 X15；	插补置点8；
N140 G03 X25 Y-15 R10；	插补置点9；
N150 G01 Y15；	插补置点10；
N160 G03 X15 Y25 R10；	插补置点11；
N170 G01 X-15；	插补置点12；
N180 G03 X-25 Y15 R10；	插补置点13；
N190 G01 Y0；	插补置点5；
N200 G03 X-17.5 Y-7.5 R7.5；	插补置点14；
N210 G40 G01 Y-15；	插补置点1并取消刀补；
N220 G00 Z200 M09；	抬刀置Z200平面关闭冷却液；
7N230 M30；	程序结束。

四、相关的理论知识

（一）型腔加工的下刀方法

在加工凹模的时候会遇到很多型腔加工的问题，其中最为困难的就是由于型腔的特点，不可能从工件毛坯之外下刀，所以这里提供三种下刀的方法，以作参考。

1. 预钻削起始孔法

预钻削起始孔法是指在型腔加工之前首先用钻头或键槽铣刀在型腔上预钻一个要求深度的起始孔，然后再换立铣刀铣去多余的型腔余量。但这需要增加一种刀具，从切削的观点看，刀具通过预钻削孔时因切削力而产生不利的振动，当使用预钻削孔时，常常会导致刀具损坏，所以不建议采用。

2. 坡走铣削法

坡走铣削法是指使用X/Y和Z方向的线性坡走切削，以达到轴向深度的切削，如图2-32所示。在坡走切削过程中，Z方向每次只能进给少量距离，所以要想达到型腔所要求的深度，可以采用调用子程序的方法，沿直线采用坡走切削往复铣削直到达到要求深度。

3. 螺旋下刀法

螺旋下刀法是指以螺旋形式进行圆插补铣下刀的方法，如图 2-33 所示。这是一种非常好的方法，因为它可产生光滑的切削作用，而只要求很小的开始空间。

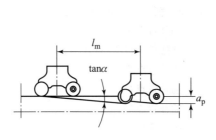

图 2-32　坡走铣削法

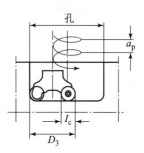

图 2-33　螺旋下刀法

（二）型腔加工路线的制定

二维型腔是指平面封闭轮廓为边界的平底直壁凹坑。内部全部加工的为简单型腔，内部有不许加工的区域（岛）为带岛型腔。图 2-34 所示为加工简单型腔的三种进给路线，图 2-34（a）、（b）分别为用环切法和行切法加工型腔的进给路线。两种进给路线的共同点是都能切净内腔中全部面积，不留死角，不伤轮廓，同时尽量减少重复进给的搭接量。不同点是行切法的进给路线比环切法短，但行切法将在每两次进给的起点和终点之间留下残留面积，而达不到所要求的表面粗糙度。综合行切法、环切法的优点，采用图 2-34（c）所示的进给路线，即先用行切法切去中间部分余量，最后环切一刀，这样既能使总的进给路线较短，又能获得较好的表面粗糙度。

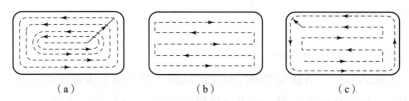

(a)　　　　　　　　　(b)　　　　　　　　　(c)

图 2-34　铣削型腔的三种进给路线
(a) 环切法；(b) 行切法；(c) 行切+环切法

（三）子程序

1. 主程序和子程序

程序有主程序和子程序两种形式。一般情况下，CNC 根据主程序运行。但是，当主程序遇到调用子程序的指令时，控制转到子程序，当子程序中遇到返回主程序的指令时，控制返回到主程序，如图 2-35 所示。

如果程序包含固定的顺序或多次重复的模式程序，这样的顺序或模式程序可以编成子程序在存储器中储存以简化编程。CNC 最多能存储 400 个主程序和子程序。

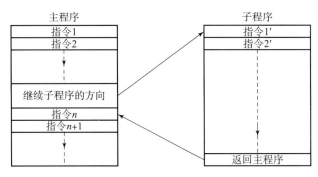

图 2-35 主程序和子程序

子程序只有在自动方式时被调用。

子程序可以由主程序调用，被调用的子程序也可以调用另一个子程序。

2. 指令格式

1）子程序的构成

```
O □□□□        子程序号
  ⋮           程序内容
M99；         程序结束
```

2）子程序调用

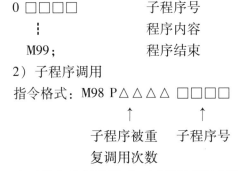

当不指定重复数据时，子程序只被调用一次。

说明：

（1）当主程序调用子程序时，它被认为是一级子程序。子程序调用可以镶嵌 4 级，如图 2-36 所示。

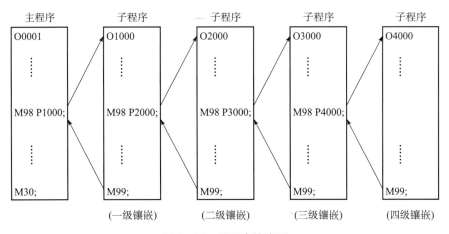

图 2-36 子程序镶嵌图

(2) 调用指令可以重复地调用子程序,最多 999 次。

(3) M98 和 M99 代码信号与选通信号不输出到机床。

(4) 如果用地址 P 指定的子程序号未找到,输出报警。

例 2-9 如图 2-37 所示,凸台深度为 5 mm,运用子程序指令编制三凸台零件精加工程序,各点坐标如表 2-15 所示。

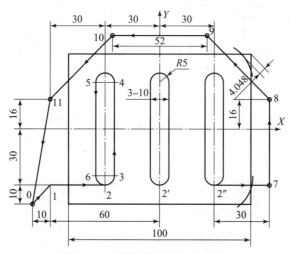

图 2-37 用子程序指令编程举例

表 2-15 各点的坐标

点	X	Y	点	X	Y
0	-70	-40	6	-35	-25
1	-60	-30	7	60	-30
2	-30	-30	8	60	16
3	-25	-25	9	26	38
4	-25	25	10	-26	38
5	-35	25	11	-60	16

三凸台零件精加工主程序如表 2-16 所示,子程序如表 2-17 所示。

表 2-16 三凸台零件精加工主程序

主程序	注释
O0007;	三凸台零件精加工主程序;
N10 G90 G54 G00 X-70 Y-40 M03 S500;	绝对输入,调用第一工件坐标系,快速置位到 O 点上方,主轴正转,转速 500 r/min;
N20 Z-5;	下刀置 Z-5 平面;
N30 G42 G01 X-60 Y-30 D01 F100;	以进给速度 100 mm/min 直线插补置 1 点建立右刀补;

续表

主程序	注释
N40 M98 P00030008;	调用3次凸台子程序;
N50 G90 G01 X60;	插补置点7;
N60 G00 Y16;	插补置点8;
N70 G01 X26 Y38;	插补置点9;
N80 G00 X−26;	插补置点10;
N90 G01 X−60 Y16;	插补置点11;
N100 G40 G00 X−70 Y−40;	插补置点O并取消刀补;
N110 G00 Z200;	抬刀置Z200平面;
N120 M30;	程序结束。

表2−17 三凸台零件精加工子程序

子程序	注释
O0008;	三凸台零件精加工子程序;
N10 G91 G01 X30;	插补置点2;
N20 G03 X5 Y5 R5;	插补置点3;
N30 G01 Y50;	插补置点4;
N40 G03 X−10 R5;	插补置点5;
N50 G01 Y−50;	插补置点6;
N60 G03 X5 Y−5 R5;	插补置点2;
N70 M99;	子程序结束。

五、思考与练习

1. 简述型腔加工的下刀方式有哪几种?
2. 简述型腔加工有哪几种进给路线,各有何特点?
3. 什么是子程序?简述子程序和主程序之间的关系。
4. 编制如图2−38~图2−40所示零件的数控加工工艺和程序。

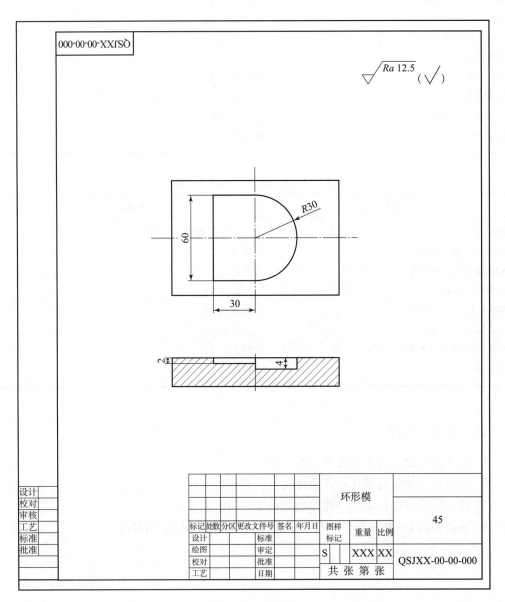

图 2-38 环形模

项目二 模具零件的数控铣削加工

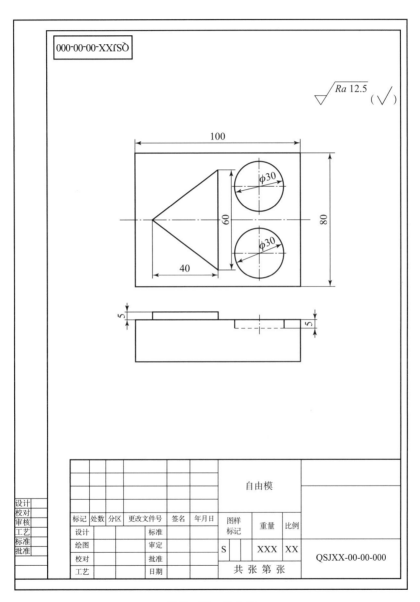

图 2-39 自由模

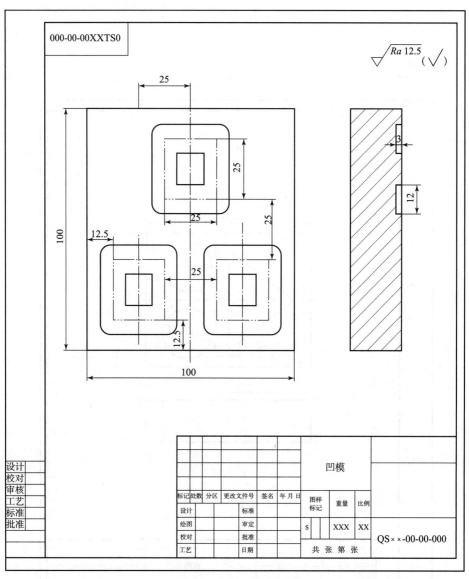

图 2-40 凹模

模块 3　模板零件的孔系加工

一、教学目标

1. 会制定模板零件的孔系数控加工工艺。
2. 会合理选用孔加工刀具。

3. 会选用立式加工中心。
4. 会用刀具长度补偿编程。
5. 会用孔加工固定循环编程。
6. 会编制模板零件的孔系数控加工程序。

二、工作任务

（一）零件图纸

定模板如图 2-41 所示。

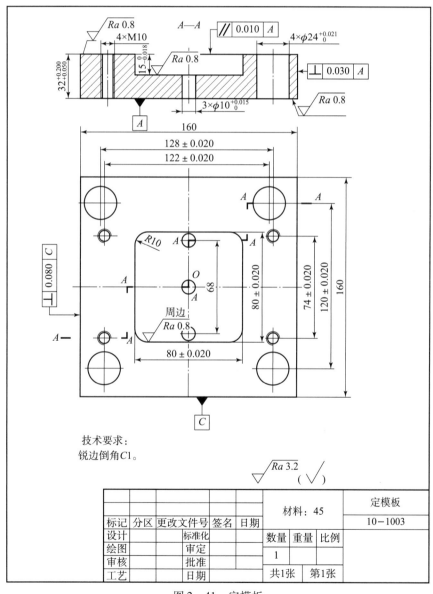

图 2-41 定模板

（二）生产纲领

加工 1 件。

三、工作化学习内容

（一）编制定模板零件孔系的数控加工工艺

1. 分析零件工艺性能

该零件外形尺寸：长×宽×高＝160×160×32，是模具中模板类小零件。

加工内容：在该定模板零件上分布着三种类型尺寸的孔，分别为 4×φ24H7 的导套孔、4×M10-7H 的螺纹孔、3×φ10H7 的光孔。各孔均有尺寸精度和位置精度的要求。

2. 选用毛坯或明确来料状况

除孔系以外，各表面均已加工达到图纸要求的定模板半成品件，材料为 45#钢。

3. 选用数控机床

由于零件加工的过程中需要换多把刀，所以选用车间里现有的三轴联动 VMC-480P3 加工中心机床。

4. 确定装夹方案

定位基准的选择：定模板下表面＋1 对平行侧面。

夹具的选择：选用通用夹具——机用平口虎钳装夹工件。

5. 确定加工方案

加工方案如表 2-18 所示。

表 2-18 加工方案

加工部位	加工方案				
4×M10-7H	钻中心孔	钻底孔	倒角	攻丝	—
3×φ10H7	钻中心孔	钻底孔	扩孔	倒角	铰孔
4×φ24H7	钻中心孔	钻底孔	扩孔	粗镗	精镗

6. 确定加工顺序、选择加工刀具

加工顺序及加工刀具如表 2-19 所示。

表 2-19 加工顺序及加工刀具

序号	加工顺序	刀具	刀具编号
1	钻 4×M10-7H 中心孔	φ16 定心钻	T01
2	钻 3×φ10H7 中心孔		
3	钻 4×φ24H7 中心孔		

续表

序号	加工顺序	刀具	刀具编号
4	钻 4×M10-7H 底孔	φ8.6 钻头	T02
5	钻 3×φ10H7 底孔		
6	钻 4×φ24H7 底孔		
7	扩 3×φ10H7 孔	φ9.8 钻头	T03
8	扩 4×φ24H7 孔	φ23 钻头	T04
9	4×M10-7H 倒角		
10	3×φ10H7 倒角		
11	粗镗 4×φ24H7 孔	φ23.9 镗刀	T05
12	精镗 4×φ24H7 孔	φ24H7 镗刀	T06
13	铰 3×φ10H7 孔	φ10H7 铰刀	T07
14	攻 4×M10-7H 螺纹	M10-Ⅱ 丝锥	T08

7. 填写工艺文件

根据上述分析与计算,填写表 2-20 所示的数控加工工艺卡片。

表 2-20 数控加工工艺卡片

单位名称		零件名称	零件材料	零件图号
		定模板	45#钢	10-1003
工序号	程序编号	夹具名称	使用设备	车间
	09	平口虎钳	VMC-480P3 加工中心	

工步号	工步内容	刀具号	刀具规格 /mm	主轴转速 /(r·min^{-1})	进给速度 /(mm·r^{-1})	背吃刀量 /mm	备注
1	钻 4×M10-7H、3×φ10H7、4×φ24H7 中心孔	T01	φ16 定心钻	800	70	1	
2	钻 4×M10-7H、3×φ10H7、4×φ24H7 孔至 8.6	T02	φ8.6 钻头	700	70	4.3	
3	扩 3×φ10H7 孔至 9.8	T03	φ9.8 钻头	300	60	0.6	
4	扩 4×φ24H7 孔至 23	T04	φ23 钻头	200	50	7.2	
5	倒 4×M10-7H、3×φ10H7 角	T04	φ23 钻头	200	40		

续表

工步号	工步内容	刀具号	刀具规格 /mm	主轴转速 /(r·min^{-1})	进给速度 /(mm·r^{-1})	背吃刀量 /mm	备注
6	粗镗 4×φ24H7 至 23.9	T05	φ23.9 镗刀	1 200	120	0.4	
7	精镗 4×φ24H7 孔至尺寸	T06	φ24H7 镗刀	1 000	80	0.1	
8	铰 3×φ10H7 孔至尺寸	T07	φ10H7 铰刀	150	70	0.1	
9	攻 4×M10-7H 螺纹	T08	M10-Ⅱ丝锥	200	300		
10	清理、防锈、入库						
编制	审核	批准		年 月 日		共 页	第 页

（二）编制定模板零件孔系的数控加工程序

1. 建立工件坐标系

如图 2-42 所示，在 XY 平面，把工件坐标系的原点 O 建立在工件正中心，Z 轴的原点 O 在工件上表面。

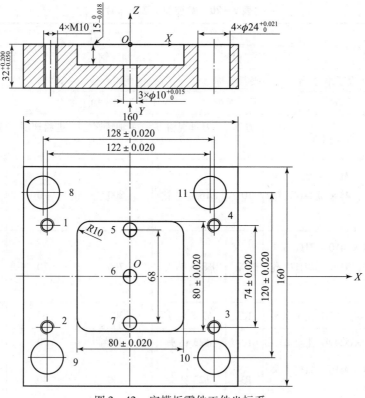

图 2-42 定模板零件工件坐标系

2. 计算编程尺寸

各孔位坐标如表 2-21 所示。

表 2-21 各孔位坐标

孔位序号	X 坐标值	Y 坐标值	孔位序号	X 坐标值	Y 坐标值
1	-61	37	7	0	-34
2	-61	-37	8	-64	60
3	61	-37	9	-64	-60
4	61	37	10	64	-60
5	0	34	11	64	60
6	0	0			

3. 编制程序

定模板零件孔系加工程序如表 2-22 所示。

表 2-22 定模板零件孔系加工程序

主程序	注释
O0009;	定模板零件孔系加工程序;
N10 M06 T01;	换 T01 号 $\phi16$ 定心钻;
N20 G43 H01 M08;	调用 T01 号刀正向长度补偿并开冷却液;
N30 G90 G54 G00 X-61 Y37 M03 S800 F70;	绝对输入,调用第一工件坐标系,快速置位到孔位 1 上方,主轴正转,转速 800 r/min,进给速度 70 mm/min;
N40 Z20;	下刀置初始平面 Z20;
N50 G99 G81 Z-5 R5;	钻孔位 1 中心孔后返回 R 平面;
N60 Y-37;	钻孔位 2 中心孔后返回 R 平面;
N70 X61;	钻孔位 3 中心孔后返回 R 平面;
N80 G98 Y37;	钻孔位 4 中心孔后返回初始平面;
N90 G99 X0 Y34 Z-20 R-10;	钻孔位 5 中心孔后返回 R 平面;
N100 Y0;	钻孔位 6 中心孔后返回 R 平面;
N110 G98 Y-34;	钻孔位 7 中心孔后返回初始平面;
N120 G99 X-64 Y60 Z-5 R5;	钻孔位 8 中心孔后返回 R 平面;
N130 Y-60;	钻孔位 9 中心孔后返回 R 平面;
N140 X64;	钻孔位 10 中心孔后返回 R 平面;
N150 G98 Y60;	钻孔位 11 中心孔后返回初始平面;
N160 G00 X-200 Y0;	快速置位换刀点;
N170 G49;	取消长度补偿;
N180 M06 T02;	换 T02 号 $\phi8.6$ 钻头;
N190 G43 H02 M08;	调用 T02 号刀正向长度补偿并开冷却液;

续表

主程序	注释
N200 G99 G73 X-61 Y37 Z-40 R5 Q8 M03 S700 F70；	钻孔位1孔后返回R平面；
N210 Y-37；	钻孔位2孔后返回R平面；
N220 X61；	钻孔位3孔后返回R平面；
N230 G98 Y37；	钻孔位4孔后返回初始平面；
N240 G99 X0 Y34 R-10；	钻孔位5孔后返回R平面；
N250 Y0；	钻孔位6孔后返回R平面；
N260 G98 Y-34；	钻孔位7孔后返回初始平面；
N270 G99 X-64 Y60 R5；	钻孔位8孔后返回R平面；
N280 Y-60；	钻孔位9孔后返回R平面；
N290 X64；	钻孔位10孔后返回R平面；
N300 G98 Y60；	钻孔位11孔后返回初始平面；
N310 G00 X-200 Y0；	快速置位换刀点；
N320 G49；	取消长度补偿；
N330 M06 T03；	换T03号ϕ9.8钻头；
N340 G43 H03 M08；	调用T03号刀正向长度补偿并开冷却液；
N350 G99 G81 X0 Y34 Z-40 R-10 M03 S300 F60；	扩孔位5孔后返回R平面；
N360 Y0；	扩孔位6孔后返回R平面；
N370 G98 Y-34；	扩孔位7孔后返回初始平面；
N380 G00 X-200 Y0；	快速置位换刀点；
N390 G49；	取消长度补偿；
N400 M06 T04；	换T04号ϕ23钻头；
N410 G43 H04 M08；	调用T04号刀正向长度补偿并开冷却液；
N420 G99 G81 X-64 Y60 Z-40 R5 M03 S200 F50；	扩孔位8孔后返回R平面；
N430 Y-60；	扩孔位9孔后返回R平面；
N440 X64；	扩孔位10孔后返回R平面；
N450 G98 Y60；	扩孔位11孔后返回初始平面；
N460 G99 G82 X-61 Y37 Z-3 R5 P2000；	倒孔位1角后返回R平面；
N470 Y-37；	倒孔位2角后返回R平面；
N480 X61；	倒孔位3角后返回R平面；
N490 G98 Y37；	倒孔位4角后返回初始平面；
N500 G99 X0 Y34 Z-18 R-10 P2000；	倒孔位5角后返回R平面；
N510 Y0；	倒孔位6角后返回R平面；
N520 G98 Y-34；	倒孔位7角后返回初始平面；
N530 G00 X-200 Y0；	快速置位换刀点；
N540 G49；	取消长度补偿；
N550 M06 T05；	换T05号ϕ23.9镗刀；

续表

主程序	注释
N560 G43 H05 M08;	调用 T05 号刀正向长度补偿并开冷却液;
N570 G99 G81 X-64 Y60 Z-40 R5 M03 S1200 F120;	粗镗孔位 8 孔后返回 R 平面;
N580 Y-60;	粗镗孔位 9 孔后返回 R 平面;
N590 X64;	粗镗孔位 10 孔后返回 R 平面;
N600 G98 Y60;	粗镗孔位 11 孔后返回初始平面;
N610 G00 X-200 Y0;	快速置位换刀点;
N620 G49;	取消长度补偿;
N630 M06 T06;	换 T06 号 $\phi24H7$ 镗刀;
N560 G43 H06 M08;	调用 T06 号刀正向长度补偿并开冷却液;
N640 G99 G86 X-64 Y60 Z-40 R5 M03 S1000 F80;	精镗孔位 8 孔后返回 R 平面;
N650 Y-60;	精镗孔位 9 孔后返回 R 平面;
N660 X64;	精镗孔位 10 孔后返回 R 平面;
N670 G98 Y60;	精镗孔位 11 孔后返回初始平面;
N680 G00 X-200 Y0;	快速置位换刀点;
N690 G49;	取消长度补偿;
N700 M06 T07;	换 T07 号 $\phi10H7$ 铰刀;
N710 G43 H07 M08;	调用 T07 号刀正向长度补偿并开冷却液;
N720 G99 G85 X0 Y34 Z-40 R-10 M03 S150 F70;	铰孔位 5 孔后返回 R 平面;
N730 Y0;	铰孔位 6 孔后返回 R 平面;
N740 G98 Y-34;	铰孔位 7 孔后返回初始平面;
N750 G00 X-200 Y0;	快速置位换刀点;
N760 G49;	取消长度补偿;
N770 M06 T08;	换 T08 号 M10-Ⅱ 丝锥;
N780 G43 H08 M08;	调用 T08 号刀正向长度补偿并开冷却液;
N790 G99 G84 X-61 Y37 Z-40 R5 M03 S200 F300;	攻孔位 1 丝后返回 R 平面;
N800 Y-37;	攻孔位 2 丝后返回 R 平面;
N810 X61;	攻孔位 3 丝后返回 R 平面;
N820 G98 Y37;	攻孔位 4 丝后返回初始平面;
N830 G00 X-200 Y0;	快速置位换刀点;
N840 G49;	取消长度补偿;
N850 M30;	程序结束。

四、相关的理论知识

(一) 孔加工刀具

常用的孔系加工刀具有中心钻、麻花钻、铰刀、丝锥、镗刀,其中麻花钻、铰刀、丝锥已在项目一的模块 3 中进行阐述,这里不再重复。

1. 中心钻

中心孔常出现在轴类零件的轴端,用作本道工序或后续工序的装夹定位基准。而钻孔前打中心孔,主要用作定心,防止开始钻削时钻尖打滑而歪斜,导致钻偏孔或影响孔的位置精度。

打中心孔所用刀具为中心钻,如图 2-43 所示,钻孔定中心用的中心钻可用刚性好的短钻头代用。近年来数控机床广泛使用整体钨钢中心钻,又叫定心钻,效果很好。中心钻的主要规格是直径 d。

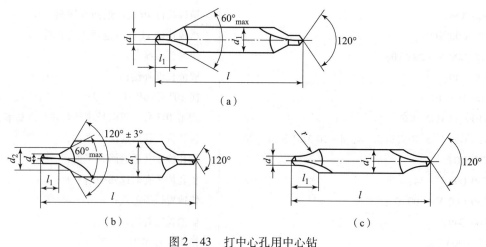

图 2-43 打中心孔用中心钻
(a) A 型不带护锥;(b) B 型带护锥;(c) R 型弧形

2. 镗刀

镗孔是使用镗刀对已钻出的孔或毛坯孔进行进一步加工的方法。镗孔的通用性较强,可以粗加工、精加工不同尺寸的孔,以及镗通孔、盲孔、阶梯孔,镗加工同轴孔系、平行孔系等。粗镗孔的精度为 IT11~IT13,表面粗糙度 $Ra6.3~12.5$;半精镗的精度为 IT9~IT10,表面粗糙度 $Ra1.6~3.2$;精镗的精度可达 IT6,表面粗糙度 $Ra0.4~0.1$。

常用的镗刀有两种类型:微调镗刀和可调双刃镗刀,如图 2-44 和图 2-45 所示。微调镗刀适用于精镗孔,可调双刃镗刀由于双刃同时参与,切削进给量和加工效率均较高,可以消除切削力对镗杆的影响,用于镗大孔。

镗孔与钻—扩—铰工艺比,具有较强的误差修正能力,可通过多次走刀来修正原孔的轴线偏斜误差,而且能使所镗孔与定位表面保持高的定位精度。

项目二 模具零件的数控铣削加工 117

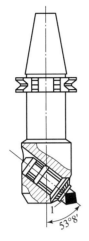
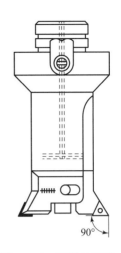

图 2-44 微调镗刀　　　　图 2-45 可调双刃镗刀

镗孔工艺范围应用广，可以加工各种不同尺寸、不同精度等级的孔。对于孔径较大、尺寸和位置精度要求较高的孔与孔系，镗孔几乎是唯一的加工方法。

（二）刀具长度补偿

1. 建立刀具长度补偿的原因

加工中心的特点是可以在一次装夹中完成多种加工，其间就有可能需要用到多种刀具，然而这些刀具大小长度都不相同，此时便需要用到刀具补偿功能：即将编程时的刀具长度和实际使用的刀具长度之差设定于刀具偏置存储器中，用该功能补偿这个差值而不用修改程序，如图 2-46 所示。用 G43 或 G44 指定偏置方向。由输入的相应地址号（H 代码），从偏置存储器中选择刀具长度偏置值（注：本书中所讨论的长度偏置特指沿 Z 轴补偿刀具长度的差值）。

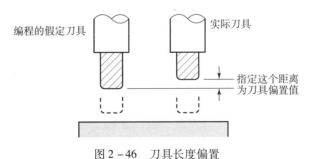

图 2-46 刀具长度偏置

2. 建立/取消刀具长度补偿

指令格式：G43/G44　H＿＿＿；
　　　　　G49；

说明：

（1）当指定 G43 时，用 H 代码指定的刀具长度偏置值（储存在偏置存储器中）加到在程序中由指令指定的终点位置坐标值上。当指定 G44 时，从终点位置减去补偿值。补偿后的坐标值表示补偿后的终点位置，而不管选择的是绝对值还是增量值。当用 G43 对刀具长度偏置指定一个正值时，刀具按照正向移动。当用 G44 指定正值时，刀具按照负向移动。当指定负值时，刀具在相反方向移动。G43 和 G44 是模态 G 代码。它们一直有效，直到指定同组的 G 代码为止。

（2）从刀具偏置存储器中取出由 H 代码指定（偏置号）的刀具长度偏置值并与程序的移动指令相加（或减）。

（3）指定 G49 或 H0 可以取消刀具长度偏置。在 G49 或 H0 指定之后，系统立即取消偏置方式。

（三）孔加工固定循环

一般数控铣床中的固定循环主要用于钻孔、镗孔、攻丝等。固定循环使编程员编程变得简单，有固定循环且频繁使用的加工操作可以用 G 功能在单程序段中指令；没有固定循环，一般要求多个程序段。另外，固定循环可以缩短程序，节省存储器。表 2-23 所示为固定循环代码及功能示例。

表 2-23 固定循环代码及功能示例

G 代码	钻孔方式	孔底操作	返回方式	应用
G73	间歇进给	—	快速移动	高速深孔钻循环
G74	切削进给	停刀→主轴正转	切削进给	左旋攻丝循环
G76	切削进给	主轴定向停止	快速移动	精镗循环
G80	—	—	—	取消固定循环
G81	切削进给	—	快速移动	钻孔循环、点钻循环
G82	切削进给	停刀	快速移动	钻孔循环、锪镗循环
G83	间歇进给	—	快速移动	深孔钻循环
G84	切削进给	停刀→主轴反转	切削进给	攻丝循环
G85	切削进给	—	切削进给	镗孔循环
G86	切削进给	主轴停止	快速移动	镗孔循环
G87	切削进给	主轴正转	快速移动	背镗循环
G88	切削进给	停刀→主轴停止	手动移动	镗孔循环
G89	切削进给	停刀	切削进给	镗孔循环

1. 固定循环组成

固定循环由 6 个顺序的动作组成，如图 2-47 所示。

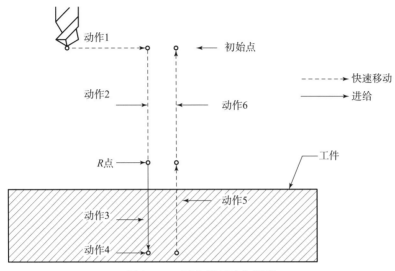

图 2-47 固定循环动作顺序

说明：
动作 1　　X 轴和 Y 轴的定位（还可以包括另一个轴）；
动作 2　　快速移动到 R 点；
动作 3　　孔加工；
动作 4　　在孔底的动作；
动作 5　　返回到 R 点；
动作 6　　快速返回初始点。

2. 固定循环指令格式

指令格式：G90/G91　G98/G99　G73～G89　X___ Y___ Z___ R___ Q___ P___ F___ K___；

说明：

（1）格式中，X、Y 为孔在定位平面上的位置；Z 为孔底位置；R 为快进的终止面；Q 为 G76 和 G87 中为每次的切削深度，在 G76 和 G87 中为偏移值，它始终是增量坐标值；P 为在孔底的暂停时间，与 G04 相同；F 为切削进给速度；K 为重复加工次数，范围是 1～6，当 K=1 时，可以省略，当 K=0 时，不执行孔加工。

（2）固定循环定位平面由平面选择代码 G17、G18 或 G19 决定。定位轴是除钻孔轴以外的轴。

（3）钻孔轴根据 G 代码（G73～G89）程序段中指令的轴地址确定。如果没有对钻孔轴指定轴地址，则认为基本轴是钻孔轴。

（4）G90 和 G91 决定孔加工数据的形式，沿着钻孔轴的移动距离 Z 和 R，对 G90 和 G91 变化如图 2-48 所示。

（5）G73、G74、G76 和 G81～G89 是模态 G 代码，直到被取消之前一直保持有效。当有效时，当前状态是钻孔方式。一旦在钻孔方式中数据被指定，数据将一直保持，直

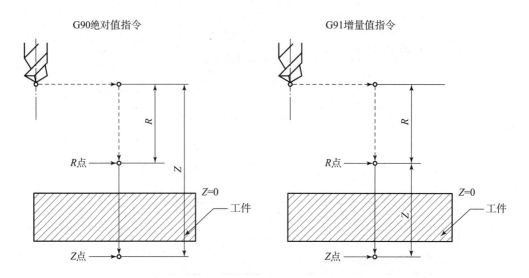

图 2-48　G90、G91 规定的 Z、R 值

到被修改或清除。在固定循环的开始，指定全部所需的钻孔数据；当固定循环正在执行时，只能指定修改数据。

（6）当刀具到达孔底后，刀具可以返回到 R 点平面或初始位置平面，由 G98 和 G99 指定。图 2-49 表示指定 G98 和 G99 时的刀具移动。一般情况下，加工完当前孔所要加工的下一个孔与当前孔处于同一平面，并且在移动过程中不跨过台阶时用 G98；反之用 G99。另外，G98 用于最后一个孔的加工。

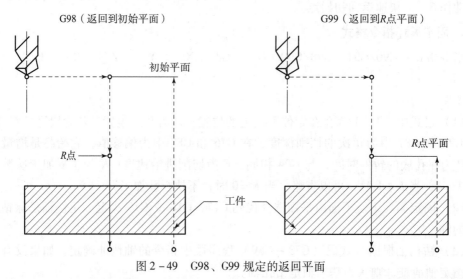

图 2-49　G98、G99 规定的返回平面

（7）在 K 中指定重复次数，对等间距孔进行重复钻孔。K 仅在被指定的程序段内有效。以增量方式（G91）指定第一孔位置，如果用绝对方式（G90）指令，则在相同位置重复钻孔。

（8）使用 G80 或 01 组 G 代码，可以取消固定循环。

3. 固定循环指令

1）G73 高速排屑钻孔循环

该循环执行高速排屑钻孔。它执行间歇切削进给直到孔的底部，同时从孔中排除切屑。

指令格式：G73　X＿＿＿　Y＿＿＿　Z＿＿＿　R＿＿＿　Q＿＿＿　F＿＿＿　K＿＿＿；

说明：

（1）格式中，X，Y 为孔位数据；Z 为从 R 点到孔底的距离；R 为从初始位置面到 R 点的距离；Q 为每次切削进给的切削深度；F 为切削进给速度；K 为重复次数。

（2）执行 G73 高速排屑钻孔循环，如图 2-50 所示，机床首先快速定位于 X，Y 坐标，并快速下刀到 R 点，然后以 F 速度沿着 Z 轴执行间歇进给，进给一个深度 Q 后回退一个退刀距离 d，将切屑带出，再次进给。使用这个循环，切屑可以容易从孔中排出，并且能够设定较小的回退值。在参数中设定退刀量 d，刀具快速移动退回。

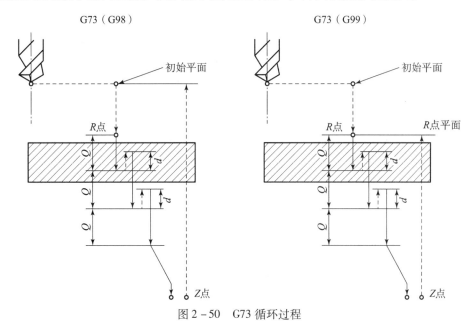

图 2-50　G73 循环过程

（3）在指定 G73 之前，用辅助功能旋转主轴（M 代码）。

（4）当 G73 代码和 M 代码在同一程序段中指定时，在第一定位动作的同时，执行 M 代码。然后，系统处理下一个钻孔动作。

（5）当指定重复次数 K 时，只在第一个孔执行 M 代码，对第二个和以后的孔，不执行 M 代码。

（6）当在固定循环中指定刀具长度偏置（G43、G44 或 G49）时，在定位到 R 点的同时加偏置。

（7）在改变钻孔轴之前必须取消固定循环。

（8）在程序段中没有 X、Y、Z、R 或任何其他轴的指令时，钻孔不执行。

（9）在执行钻孔的程序段中指定 Q/R。如果在不执行钻孔的程序段中指定它们，它们不能作为模态数据被储存。

（10）不能在同一程序段中指定 01 组 G 代码和 G73，否则，G73 将被取消。

（11）在固定循环方式中，刀具偏置被忽略。

2）G74 左旋攻丝循环

该循环执行左旋攻丝。在左旋攻丝循环中，当刀具到达孔底时，主轴顺时针旋转。

指令格式：G74 X＿＿ Y＿＿ Z＿＿ R＿＿ P＿＿ F＿＿ K＿＿；

说明：

（1）格式中，X，Y 为孔位数据；Z 为从 R 点到孔底的距离；R 为从初始位置面到 R 点的距离；P 为暂停时间；F 为切削进给速度；K 为重复次数。

（2）该循环用主轴逆时针旋转执行攻丝。如图 2-51 所示，当到达孔底时，为了退回，主轴顺时针旋转。该循环可加工一个反螺纹。

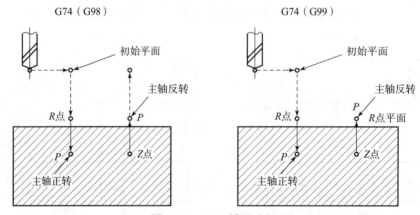

图 2-51 G74 循环过程

（3）在左旋攻丝期间，进给倍率被忽略。进给暂停不停止机床，直到回退动作完成。

（4）在指定 G74 之前，使用辅助功能（M 代码）使主轴逆时针旋转。

（5）当在同一程序段中指定 G74 代码和 M 代码时，在第一定位动作的同时，执行 M 代码。然后，系统处理下一个钻孔动作。

（6）当指定重复次数 K 时，只在第一个孔执行 M 代码，对第二个和以后的孔，不执行 M 代码。

（7）当在固定循环中指定刀具长度偏置（G43、G44 或 G49）时，在定位到 R 点的同时加偏置。

（8）在改变钻孔轴之前必须取消固定循环。

（9）在程序段中没有 X，Y，Z，R 或任何其他轴的指令时，钻孔程序不执行。

（10）在执行钻孔的程序段中指定 P。如果在不执行钻孔的程序段中指定它们，它们不能作为模态数据被储存。

（11）不能在同一程序段中指定 01 组 G 代码和 G74，否则，G74 将被取消。

（12）在固定循环方式中，刀具偏置被忽略。

3）G76 精镗循环

镗孔是常用的加工方法，镗孔能获得较高的位置精度。精镗循环用于镗削精密孔。当到达孔底时，主轴停止，切削刀具离开工件的表面并返回。

指令格式：G76 X___ Y___ Z___ R___ Q___ P___ F___ K___；

说明：

（1）格式中，X，Y 为孔位数据；Z 为从 R 点到孔底的距离；R 为从初始位置面到 R 点的距离；Q 为孔底的偏置量；P 为在孔底的暂停时间；F 为切削进给速度；K 为重复次数。

（2）执行 G76 循环时，如图 2-52 所示，机床首先快速定位于 X，Y 以及 Z 定义的坐标位置，以 F 速度进行精镗加工，当加工至孔底时，主轴在固定的旋转位置停止，然后刀具以刀尖的相反方向移动 Q 距离退刀，如图 2-53 所示。这保证加工面不被破坏，实现精密有效的镗削加工。

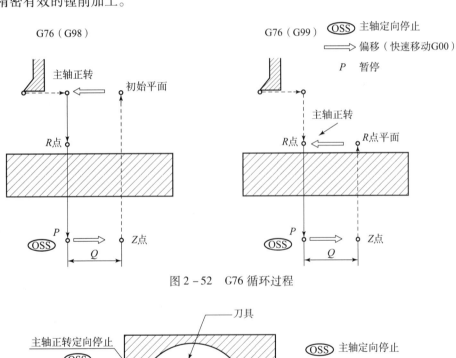

图 2-52 G76 循环过程

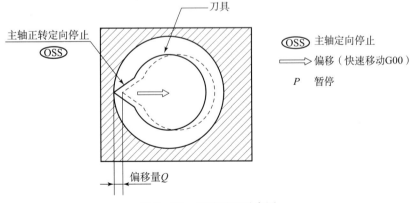

图 2-53 刀具退刀示意图

（3）Q 是在固定循环内保存的模态值。必须小心指定，因为它也作用于 G73 和 G83

的切削深度。

(4) 在指定 G76 之前，用辅助功能（M 代码）旋转主轴。

(5) 当在同一程序段中指定 G76 代码和 M 代码时，在第一定位动作的同时，执行 M 代码。然后，系统处理下一个动作。

(6) 当指定重复次数 K 时，只在第一个孔执行 M 代码，对第二个和以后的孔，不执行 M 代码。

(7) 当在固定循环中指定刀具长度偏置（G43、G44 或 G49）时，在定位到 R 点的同时加偏置。

(8) 在改变钻孔轴之前必须取消固定循环。

(9) 在程序段中没有 X，Y，Z，R 或任何其他轴的指令时，不执行镗孔加工。

(10) Q 指定为正值。如果 Q 指定为负值，符号被忽略，在参数中设置偏置方向。在执行镗孔的程序段中指定 Q/P。如果在不执行镗孔的程序段中指定它们，它们不能作为模态数据被储存。

(11) 不能在同一程序段中指定 01 组 G 代码和 G76，否则，G76 将被取消。

(12) 在固定循环方式中，刀具偏置被忽略。

4) G81 钻孔循环，钻中心孔循环

该循环用作正常钻孔。切削进给执行到孔底，然后刀具从孔底快速移动退回。

指令格式：G81　X___　Y___　Z___　R___　F___　K___；

说明：

(1) 格式中，X、Y 为孔位数据；Z 为从 R 点到孔底的距离；R 为从初始位置面到 R 点的距离；F 为切削进给速度；K 为重复次数。

(2) 执行 G81 循环，如图 2-54 所示，机床在沿着 X 和 Y 轴定位后，快速移动到 R 点。从 R 点到 Z 点执行钻孔加工。然后，刀具快速退回。

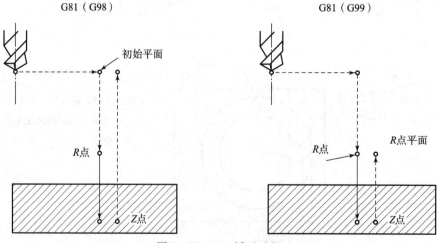

图 2-54　G81 循环过程

(3) 在指定 G81 之前，用辅助功能（M 代码）旋转主轴。

(4) 当在同一程序段中指定 G81 代码和 M 代码时，在第一定位动作的同时，执行

M 代码。然后，系统处理下一个动作。

（5）当指定重复次数 K 时，只在第一个孔执行 M 代码，对第二个和以后的孔，不执行 M 代码。

（6）当在固定循环中指定刀具长度偏置（G43、G44 或 G49）时，在定位到 R 点的同时加偏置。

（7）在改变钻孔轴之前必须取消固定循环。

（8）在程序段中没有 X，Y，Z，R 或任何其他轴的指令时，不执行钻孔加工。

（9）不能在同一程序段中指定 01 组 G 代码和 G81，否则，G81 将被取消。

（10）在固定循环方式中，刀具偏置被忽略。

5）G82 钻孔循环，逆镗孔循环

该循环用作正常钻孔。切削进给执行到孔底，执行暂停。然后，刀具从孔底快速移动退回。

指令格式：G82 X ___ Y ___ Z ___ R ___ P ___ F ___ K ___；

说明：

（1）格式中，X、Y 为孔位数据；Z 为从 R 点到孔底的距离；R 为从初始位置面到 R 点的距离；P 为在孔底的暂停时间；F 为切削进给速度；K 为重复次数。

（2）执行 G82 循环，如图 2-55 所示，机床在沿着 X 和 Y 轴定位后，快速移动到 R 点。从 R 点到 Z 点执行钻孔加工。当到孔底时，执行暂停。然后，刀具快速退回。G81 与 G82 都是常用的钻孔方式，区别在于：G82 钻到孔底时执行暂停再返回，孔的加工精度比 G81 高，G81 可用于钻通孔或螺纹孔，G82 用于钻削孔深要求较高的平底孔。使用时可根据实际情况和精度需要选择。

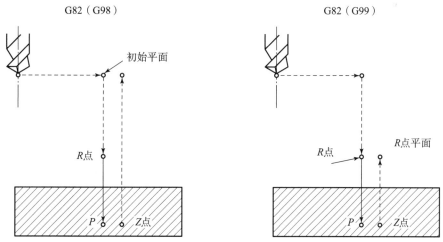

图 2-55 G82 循环过程

（3）在指定 G82 之前，用辅助功能（M 代码）旋转主轴。

（4）当在同一程序段中指定 G82 代码和 M 代码时，在第一定位动作的同时，执行 M 代码。然后，系统处理下一个动作。

（5）当指定重复次数 K 时，只在第一个孔执行 M 代码，对第二个和以后的孔，不执行 M 代码。

（6）当在固定循环中指定刀具长度偏置（G43、G44 或 G49）时，在定位到 R 点的同时加偏置。

（7）在改变钻孔轴之前必须取消固定循环。

（8）在程序段中没有 X, Y, Z, R 或任何其他轴的指令时，不执行钻孔加工。

（9）在执行钻孔的程序段中指定 P。如果在不执行钻孔的程序段中指定，P 不能作为模态数据被储存。

（10）不能在同一程序段中指定 01 组 G 代码和 G82，否则，G82 将被取消。

（11）在固定循环方式中，刀具偏置被忽略。

6）G83 排屑钻孔循环

该循环执行深孔钻。执行间歇切削进给到孔的底部，钻孔过程中从孔中排出切屑。

指令格式：G83　X____　Y____　Z____　R____　Q____　F____　K____；

说明：

（1）格式中，X、Y 为孔位数据；Z 为从 R 点到孔底的距离；R 为从初始位置面到 R 点的距离；Q 为每次切削进给的切削深度；F 为切削进给速度；K 为重复次数。

（2）执行 G83 排屑钻孔循环，如图 2-56 所示，机床首先快速定位于 X, Y 坐标，并快速下刀到 R 点，然后以 F 速度沿着 Z 轴执行间歇进给，进给一个深度 Q 后快速返回 R 点（退出孔外），在第二次和以后的切削进给中，执行快速移动到上次钻孔结束之前的 d 点，再执行切削进给。d 位置为每次退刀后，再次进给时由快进转换成切削进给的位置，它距离前一次进给结束位置的距离为 d mm，其值在参数中设定。在 G73 中，d 为退刀距离。G73 和 G83 都用于深孔钻，G83 每次都退回 R 点，它的排屑、冷却效果比 G73 好。

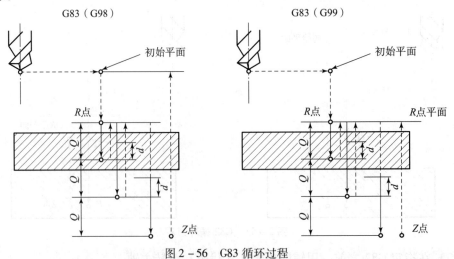

图 2-56　G83 循环过程

（3）Q 表示每次切削进给的切削深度，它必须用增量值指定。在 Q 中必须指定正值，负值被忽略。

（4）在指定 G83 之前，用辅助功能（M 代码）旋转主轴。

（5）当在同一程序段中指定 G83 代码和 M 代码时，在第一定位动作的同时，执行 M 代码。然后，系统处理下一个钻孔动作。

（6）当指定重复次数 K 时，只在第一个孔执行 M 代码，对第二个和以后的孔，不执行 M 代码。

（7）当在固定循环中指定刀具长度偏置（G43、G44 或 G49）时，在定位到 R 点的同时加偏置。

（8）在改变钻孔轴之前必须取消固定循环。

（9）在程序段中没有 X、Y、Z、R 或任何其他轴的指令时，钻孔不执行。

（10）在执行钻孔的程序段中指定 Q。如果在不执行钻孔的程序段中指定，则 Q 不能作为模态数据被储存。

（11）不能在同一程序段中指定 01 组 G 代码和 G83，否则，G83 将被取消。

（12）在固定循环方式中，刀具偏置被忽略。

7）G84 攻丝循环

该循环执行攻丝。在这个攻丝循环中，当到达孔底时，主轴以反方向旋转。

指令格式：G84　X＿＿＿　Y＿＿＿　Z＿＿＿　R＿＿＿　P＿＿＿　F＿＿＿　K＿＿＿；

说明：

（1）格式中，X、Y 为孔位数据；Z 为从 R 点到孔底的距离；R 为从初始位置面到 R 点的距离；P 为暂停时间；F 为切削进给速度；K 为重复次数。

（2）该循环用主轴顺时针旋转执行攻丝。如图 2-57 所示，当到达孔底时，为了退回，主轴以相反方向旋转。该循环可加工一个螺纹。

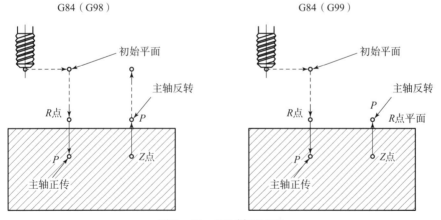

图 2-57　G84 循环过程

（3）在攻丝期间进给倍率被忽略。进给暂停不停止机床，直到回退动作完成。

（4）在指定 G84 之前，使用辅助功能（M 代码）使主轴旋转。

（5）当在同一程序段中指定 G84 代码和 M 代码时，在第一定位动作的同时，执行 M 代码。然后，系统处理下一个钻孔动作。

（6）当指定重复次数 K 时，只在第一个孔执行 M 代码，对第二个和以后的孔，不执行 M 代码。

(7) 当在固定循环中指定刀具长度偏置（G43、G44 或 G49）时，在定位到 R 点的同时加偏置。

(8) 在改变钻孔轴之前必须取消固定循环。

(9) 在程序段中没有 X、Y、Z、R 或任何其他轴的指令时，钻孔不执行。

(10) 在执行钻孔的程序段中指定 P。如果在不执行钻孔的程序段中指定，则它们不能作为模态数据被储存。

(11) 不能在同一程序段中指定 01 组 G 代码和 G84，否则，G84 将被取消。

(12) 在固定循环方式中，刀具偏置被忽略。

8）G85 镗孔循环

该循环用于镗孔。

指令格式：G85 X ___ Y ___ Z ___ R ___ F ___ K ___ ；

说明：

(1) 格式中，X、Y 为孔位数据；Z 为从 R 点到孔底的距离；R 为从初始位置面到 R 点的距离；F 为切削进给速度；K 为重复次数。

(2) 执行 G85 循环，如图 2-58 所示，机床在沿着 X 和 Y 轴定位后，快速移动到 R 点。从 R 点到 Z 点执行镗孔加工。当到达孔底时，执行切削进给然后返回到 R 点。

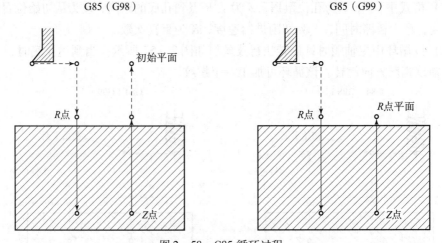

图 2-58　G85 循环过程

(3) 在指定 G85 之前，用辅助功能（M 代码）旋转主轴。

(4) 当在同一程序段中指定 G85 代码和 M 代码时，在第一定位动作的同时，执行 M 代码。然后，系统处理下一个动作。

(5) 当指定重复次数 K 时，只在第一个孔执行 M 代码，对第二个和以后的孔，不执行 M 代码。

(6) 当在固定循环中指定刀具长度偏置（G43、G44 或 G49）时，在定位到 R 点的同时加偏置。

(7) 在改变钻孔轴之前必须取消固定循环。

(8) 在程序段中没有 X、Y、Z、R 或任何其他轴的指令时，不执行镗孔加工。

（9）不能在同一程序段中指定 01 组 G 代码和 G85，否则，G85 将被取消。

（10）在固定循环方式中，刀具偏置被忽略。

9）G86 镗孔循环

该循环用于镗孔。

指令格式：G86　X ___　Y ___　Z ___　R ___　F ___　K ___；

说明：

（1）格式中，X、Y 为孔位数据；Z 为从 R 点到孔底的距离；R 为从初始位置面到 R 点的距离；F 为切削进给速度；K 为重复次数。

（2）执行 G86 循环，如图 2-59 所示，机床在沿着 X 和 Y 轴定位后，快速移动到 R 点。从 R 点到 Z 点执行镗孔加工。当到达孔底时，主轴停止，刀具快速退回。

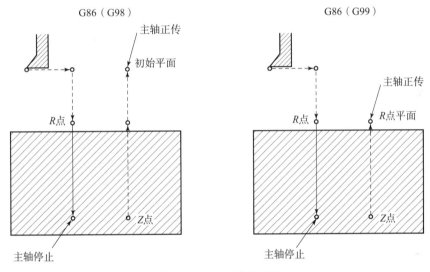

图 2-59　G86 循环过程

（3）在指定 G86 之前，用辅助功能（M 代码）旋转主轴。

（4）当在同一程序段中指定 G86 代码和 M 代码时，在第一定位动作的同时，执行 M 代码。然后，系统处理下一个动作。

（5）当指定重复次数 K 时，只在第一个孔执行 M 代码，对第二个和以后的孔，不执行 M 代码。

（6）当在固定循环中指定刀具长度偏置（G43、G44 或 G49）时，在定位到 R 点的同时加偏置。

（7）在改变钻孔轴之前必须取消固定循环。

（8）在程序段中没有 X、Y、Z、R 或任何其他轴的指令时，不执行镗孔加工。

（9）不能在同一程序段中指定 01 组 G 代码和 G86，否则，G86 将被取消。

（10）在固定循环方式中，刀具偏置被忽略。

10）G87 背镗孔循环

该循环执行精密镗孔。镗孔时由孔底向外镗削，此时刀杆受拉力，可防止震动。当刀杆较长时，使用该指令可提高孔的加工精度。

指令格式：G87　X___　Y___　Z___　R___　Q___　P___　F___　K___；

说明：

（1）格式中，X、Y 为孔位数据；Z 为从孔底到 Z 点的距离；R 为从初始位置面到 R 点（孔底）的距离；Q 为刀具偏置量；P 为暂停时间；F 为切削进给速度；K 为重复次数。

（2）执行 G87 循环，如图 2-60 所示，机床在沿着 X 轴和 Y 轴定位后，主轴准停（OSS）。刀具沿刀尖反方向偏移 Q 距离，并且快速定位到孔底 R 点（快速移动）。然后，刀具在刀尖方向上移动并且主轴正转，沿 Z 轴的正向镗孔直到 Z 点。在 Z 点，主轴再次准停，刀具在刀尖的相反方向移动，然后主轴返回到初始位置，刀具在刀尖的方向上偏移，主轴正转，执行下一个程序段的加工。

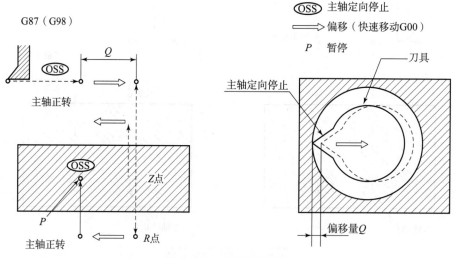

图 2-60　G87 循环过程

（3）因为 R 点在孔底，该指令只能用 G98 的方式。

（4）在指定 G87 之前，用辅助功能（M 代码）旋转主轴。

（5）当在同一程序段中指定 G87 代码和 M 代码时，在第一定位动作的同时，执行 M 代码。然后，系统处理下一个动作。

（6）当指定重复次数 K 时，只在第一个孔执行 M 代码，对第二个和以后的孔，不执行 M 代码。

（7）当在固定循环中指定刀具长度偏置（G43、G44 或 G49）时，在定位到 R 点的同时加偏置。

（8）在改变钻孔轴之前必须取消固定循环。

（9）在程序段中没有 X，Y，Z，R 或任何其他轴的指令时，不执行镗孔加工。

（10）Q 必须指定正值，负值被忽略，在参数中指定偏置方向。在执行镗孔的程序段中指定 P/Q。如果在不执行镗孔的程序段中指定，则 P 和 Q 不能作为模态数据被储存。

（11）不能在同一程序段中指定 01 组 G 代码和 G87，否则，G87 将被取消。

（12）在固定循环方式中，刀具偏置被忽略。

11）G88 镗孔循环

该循环用于镗孔。

指令格式：G88　X ___ Y ___ Z ___ R ___ P ___ F ___ K ___；

说明：

（1）格式中，X、Y 为孔位数据；Z 为从 R 点到孔底的距离；R 为从初始位置面到 R 点的距离；P 为孔底的暂停时间；F 为切削进给速度；K 为重复次数。

（2）执行 G88 循环，如图 2-61 所示，机床在沿着 X 和 Y 轴定位后，快速移动到 R 点。从 R 点到 Z 点执行镗孔加工。当镗孔完成后，执行暂停，然后主轴停止。刀具从孔底（Z 点）手动返回到 R 点。在 R 点，主轴正转，并且执行快速移动到初始位置。

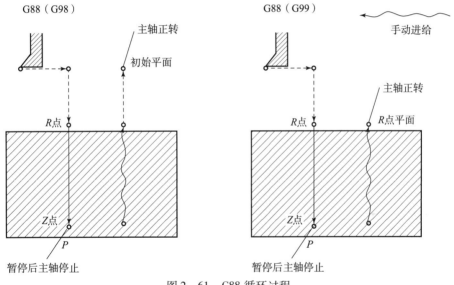

图 2-61　G88 循环过程

（3）在指定 G88 之前，用辅助功能（M 代码）旋转主轴。

（4）当在同一程序段中指定 G88 代码和 M 代码时，在第一定位动作的同时，执行 M 代码。然后，系统处理下一个动作。

（5）当指定重复次数 K 时，只在第一个孔执行 M 代码，对第二个和以后的孔，不执行 M 代码。

（6）当在固定循环中指定刀具长度偏置（G43、G44 或 G49）时，在定位到 R 点的同时加偏置。

（7）在改变钻孔轴之前必须取消固定循环。

（8）在程序段中没有 X、Y、Z、R 或任何其他轴的指令时，不执行镗孔加工。

（9）在执行镗孔的程序段中指定 P。如果在不执行镗孔的程序段中指定，则 P 不能作为模态数据被储存。

（10）不能在同一程序段中指定 01 组 G 代码和 G88，否则，G88 将被取消。

(11) 在固定循环方式中，刀具偏置被忽略。

12) G89 镗孔循环

该循环用于镗孔。

指令格式：G89　X___　Y___　Z___　R___　P___　F___　K___；

说明：

(1) 格式中，X、Y 为孔位数据；Z 为从 R 点到孔底的距离；R 为从初始位置面到 R 点的距离；P 为孔底的停刀时间；F 为切削进给速度；K 为重复次数。

(2) 执行 G89 循环，如图 2-62 所示，机床在沿着 X 和 Y 轴定位后，快速移动到 R 点。从 R 点到 Z 点执行镗孔加工。当到达孔底时执行暂停，然后执行切削进给返回到 R 点。G89 循环几乎和 G85 循环相同，区别在于 G89 在孔底执行暂停，而 G85 在孔底以切削进给方式返回 R 点。

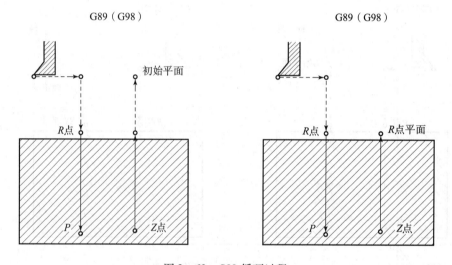

图 2-62　G89 循环过程

(3) 在指定 G89 之前，用辅助功能（M 代码）旋转主轴。

(4) 当在同一程序段中指定 G89 代码和 M 代码时，在第一定位动作的同时，执行 M 代码。然后，系统处理下一个动作。

(5) 当指定重复次数 K 时，只在第一个孔执行 M 代码，对第二个和以后的孔，不执行 M 代码。

(6) 当在固定循环中指定刀具长度偏置（G43、G44 或 G49）时，在定位到 R 点的同时加偏置。

(7) 在改变钻孔轴之前必须取消固定循环。

(8) 在程序段中没有 X、Y、Z、R 或任何其他轴的指令时，不执行镗孔加工。

(9) 在执行镗孔的程序段中指定 P。如果在不执行镗孔的程序段中指定，则 P 不能作为模态数据被储存。

(10) 不能在同一程序段中指定 01 组 G 代码和 G89，否则，G89 将被取消。

(11) 在固定循环方式中,刀具偏置被忽略。

13) G80 固定循环取消指令

指令格式:G80;

说明:

取消所有固定循环,执行正常的操作,R 点和 Z 点也被取消。这意味着,在增量方式中,$R=0$ 和 $Z=0$,其他钻孔数据也被取消(消除)。

五、思考与练习

1. 常用的孔系加工的刀具有哪些?各类刀具的主要应用范围有哪些?
2. 刀具的长度补偿有什么作用?如何使用刀具的长度补偿?
3. 什么为初始平面?什么为 R 平面?在孔系加工的过程中如何选择?
4. 编制如图 2-63 ~ 图 2-66 所示零件的数控孔系加工工艺和程序。

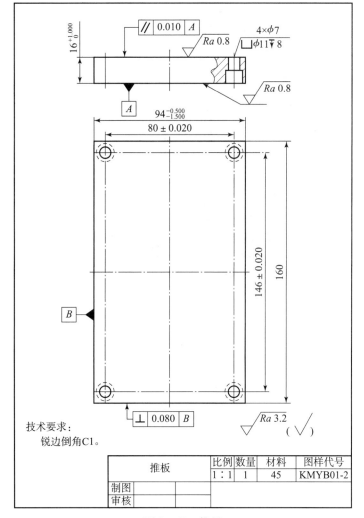

图 2-63 推板

模具数控加工技术

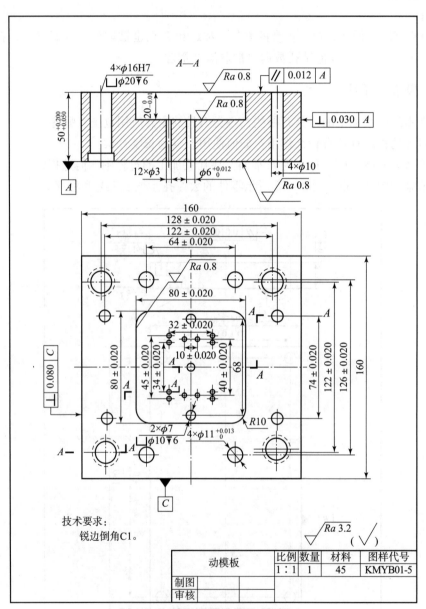

图 2-64 动模板

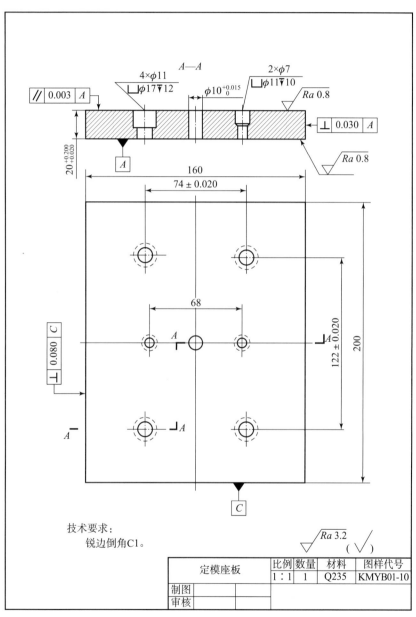

图 2-65 定模座板

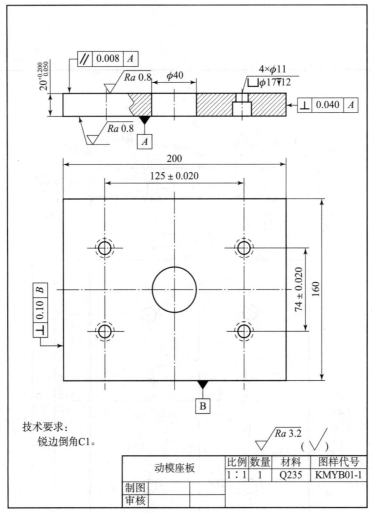

图 2-66 动模座板

模块 4 模具零件的综合加工

一、教学目标

1. 会制定综合模具零件的数控加工工艺。
2. 会用极坐标编程。
3. 会用坐标旋转编程。
4. 会用比例缩放功能编程。
5. 会用镜像功能编程。

6. 会确定切削用量。
7. 会编制综合模具零件的数控加工程序。

二、工作任务

（一）零件图纸

六角凸模零件如图 2-67 所示。

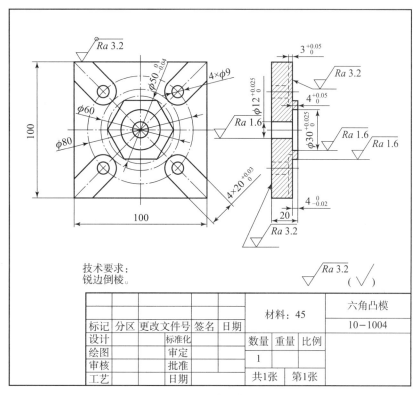

图 2-67 六角凸模零件

（二）生产纲领

加工 1 件。

三、工作化学习内容

（一）编制六角凸模零件的数控加工工艺

1. 分析零件工艺性能

该零件外形尺寸：长×宽×高 = 100×100×20，是形状规整的正方体 45#钢小零件。

加工内容：外接圆直径为 50 的正六边形的凸台轮廓，4 个角的压板槽，直径为 30 的圆形凹模内轮廓，4×φ9 和中心 φ12H7 的光孔，其余表面不加工。

加工精度：如图 2-67 所示，各表面均有尺寸精度、位置精度和表面粗糙度的要求。

2. 选用毛坯或明确来料状况

尺寸为 100×100×20 上下表面已经加工到图纸要求的 45#钢半成品件。

3. 选用数控机床

由于零件比较复杂，加工的过程中需要换多把刀具，所以选用车间里现有的三轴联动 VMC-480P3 加工中心机床。

4. 确定装夹方案

定位基准的选择：毛坯下表面+2 平行侧面。

夹具的选择：选用通用夹具——机用平口虎钳装夹工件。

5. 确定加工方案

加工方案如表 2-24 所示。

表 2-24 加工方案

加工部位	加工方案				
正六边形凸轮廓	运用极坐标编程				
4 个角的压板槽	运用坐标旋转功能和镜像功能编程				
圆形凹模内轮廓	运用子程序摆动下刀编程				
4×φ9 孔	钻中心孔	钻底孔	—	—	—
φ12H7 孔	钻中心孔	钻底孔	扩孔	倒角	铰孔

6. 确定加工顺序、选择加工刀具

加工顺序及加工刀具如表 2-25 所示。

表 2-25 加工顺序及加工刀具

序号	加工顺序	刀具	刀具编号
1	正六边形凸轮廓	φ16 的 4 刃平底立铣刀	T01
2	4 个角的压板槽		
3	圆形凹模内轮廓		
4	4×φ9 孔	φ16 定心钻	T02
5	φ12H7 孔		
6	钻 4×φ9 底孔	φ9 钻头	T03
7	钻 φ12H7 底孔		
8	扩 φ12H7 孔	φ11.8 钻头	T04
9	φ12H7 倒角	φ19 钻头	T05
10	铰 φ12H7 孔	φ12H7 铰刀	T06

7. 填写工艺文件

根据上述分析与计算,填写如表 2-26 所示的数控加工工艺卡片。

表 2-26 数控加工工艺卡片

单位名称		零件名称	零件材料	零件图号			
		六角凸模	45#钢	10-1004			
工序号	程序编号	夹具名称	使用设备	车间			
	010/011/012	平口虎钳	VMC-480P3 加工中心机床				
工步号	工步内容	刀具号	刀具规格/mm	主轴转速/(r·min^{-1})	进给速度/(mm·r^{-1})	背吃刀量/mm	备注
1	粗铣正六边形凸轮廓、4个角的压板槽、圆形凹模内轮廓	T01	ϕ16 立铣刀	600	150	3.8	
2	精铣正六边形凸轮廓、4个角的压板槽、圆形凹模内轮廓	T01	ϕ16 立铣刀	700	100	0.2	
3	钻 4×ϕ9 和 ϕ12H7 中心孔	T02	ϕ16 定心钻	800	70	1	
4	钻 4×ϕ9 和 ϕ12H7 底孔至 9	T03	ϕ9 钻头	700	70	4.5	
5	扩 ϕ12H7 孔至 11.8	T04	ϕ11.8 钻头	300	60	1.4	
6	倒 ϕ12H7 角	T05	ϕ19 钻头	200	40		
7	铰 ϕ12H7 孔至尺寸	T06	ϕ12H7 铰刀	150	70	0.1	
8	清理、防锈、入库						
编制	审核	批准	年 月 日	共 页	第 页		

(二) 编制六角凸模零件的数控加工程序

1. 建立工件坐标系

在 XY 平面,把工件坐标系的原点 O 建立在工件正中心。Z 轴的原点 O 在工件上表面。

2. 确定编程方案及刀具路径

如图 2-68 和图 2-69 所示,用 ϕ16 立铣刀先从机床坐标系的原点开始快速定位到 1 点的上方,快速下刀平面 Z=-4,直线插补建立刀具半径补偿置 2 点,然后利用极坐标编程法沿 3-4-5-6-7-8-3-9 点路线铣削,从 9-1 点取消刀具半径补偿,在 1-3 点之间移动刀具中心位置并铣削整圆去除多余毛坯余量后抬刀移至原点上方;从原点快速定位到 10 点上方,下刀至 Z=-7 平面,利用坐标旋转功能直线插补建立刀具半径

模具数控加工技术

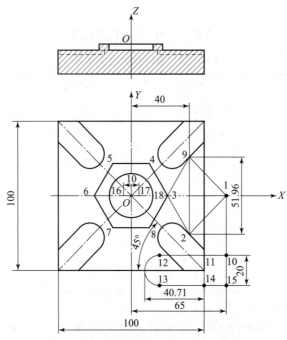

图2-68 六角凸模零件加工的进给路线图

补偿置11点，然后沿11-12-13-14点路线铣削，从14-15点取消刀具半径补偿，利用镜像功能铣削其他3个压板槽，抬刀快速定位到16点的上方，快速下刀到安全平面$Z=5$，直线插补下刀到$Z=0$平面，在16点和17点之间往复摆动下刀直至$Z=-4$平面，直线插补建立刀具半径补偿置18点后加工整圆，从18-0点取消刀具半径补偿，最后在0点抬刀置$Z=200$，快速移动到点（-200，0）上方换刀，然后按照表2-26所示的工艺顺序进行孔系加工。

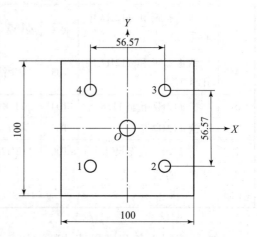

图2-69 六角凸模零件孔位坐标

3. 计算编程尺寸

编程所需的基点坐标和孔位坐标分别如表2-27和表2-28所示。

表2-27 基点坐标

基点序号	X坐标值	Y坐标值	基点序号	X坐标值	Y坐标值
1	65	0	13	19.29	-60
2	40	-25.98	14	50	-60
3	25	0	15	65	-60

续表

基点序号	X 坐标值	Y 坐标值	基点序号	X 坐标值	Y 坐标值
9	40	25.98	16	-5	0
10	65	-40	17	5	0
11	50	-40	18	15	0
12	19.29	-40			

表 2-28 孔位坐标

孔位序号	X 坐标值	Y 坐标值	孔位序号	X 坐标值	Y 坐标值
0	0	0	3	28.285	28.285
1	-28.285	-28.285	4	-28.285	28.285
2	28.285	-28.285			

4. 编制程序

六角凸模零件编制程序如表 2-29 ~ 表 2-31 所示。

表 2-29 六角凸模零件圆形型腔下刀槽子程序

子程序	注释
O0010;	φ16 立铣刀铣削六角凸模零件圆形型腔下刀槽子程序;
N10 G91 G01 X10 Z-0.5;	增量编程，从 16 点向 X 轴正方向进给 10 mm 置 17 点并向 Z 轴负方向增量进给 0.5 mm;
N20 X-10 Z-0.5;	从 17 点向 Y 轴负方向进给 30 mm 返回 16 点并向 Z 轴负方向增量进给 0.5 mm;
N30 M99;	子程序结束。

表 2-30 六角凸模零件右下角压板槽加工子程序

子程序	注释
O0011;	六角凸模零件右下角压板槽加工子程序;
N10 G90 G00 X65 Y-40;	绝对编程，快速定位到 10 点上方;
N20 Z5;	下刀置安全平面;
N30 G01 Z-6.8;	下刀置 Z-6.8 平面（精铣轮廓理论 Z-7，要实测）;
N40 G68 X50 Y-50 R45;	G54 工件坐标系绕点（50，-50）逆时针旋转 45°;
N50 G41 G01 X50 Y-40 D01;	直线插补置 11 点建立左刀补（粗加工 D01 取 8.2，精加工 D01 取理论值 8，但要实测）;
N60 X19.29;	插补置点 12;
N70 G03 Y-60 R10;	插补置点 13;
N80 G01 X50;	插补置点 14;

续表

子程序	注释
N90 G40 X65；	插补置点 15 并取消半径补偿；
N100 G69；	取消工件坐标系旋转；
N110 G00 Z200；	抬刀；
N120 X0 Y0；	快速置位到 0 点上方；
N130 M99；	子程序结束。

表 2-31　六角凸模零件轮廓粗、精加工主程序

主程序	注释
O0012；	$\phi16$ 立铣刀铣六角凸模零件轮廓粗、精加工主程序；
N10 M06 T01；	换 T01 号 $\phi16$ 立铣刀；
N20 G43 H01 M08；	调用 T01 号刀正向长度补偿并开冷却液；
N30 G90 G54 G00 X65 Y0 M03 S600；	绝对输入，调用第一工件坐标系，快速置位到 1 点上方，主轴正转，转速 600 r/min（精加工 S 取 700）；
N40 Z-3.8；	下刀置 $Z-3.8$ 平面（精铣轮廓理论 $Z-4$，要实测）；
N50 G42 G01 X40 Y-25.98 D01 F150；	以进给速度 150 mm/min 直线插补置 2 点建立右刀补（精加工时 F 取 100，粗加工 D01 取 8.2，精加工 D01 取理论值 8，但要实测）；
N60 X25 Y0；	插补置点 3；
N70 G16 X25 Y60；	极坐标编程，插补置点 4；
N80 Y120；	极坐标编程，插补置点 5；
N90 Y180；	极坐标编程，插补置点 6；
N100 Y240；	极坐标编程，插补置点 7；
N110 Y300；	极坐标编程，插补置点 8；
N120 Y360；	极坐标编程，插补置点 3；
N130 G15 X40 Y25.98；	取消极坐标编程，插补置点 9；
N140 G40 X65 Y0；	插补置点 1 并取消半径补偿；
N150 X33；	去毛坯周边余量；
N160 G03 I-33；	去毛坯周边余量；
N170 G01 X48；	去毛坯周边余量；
N180 G03 I-48；	去毛坯周边余量；
N190 G01 X63；	去毛坯周边余量；
N200 G03 I-63；	去毛坯周边余量；
N210 G01 X65；	插补置点 1；
N220 G00 Z200；	抬刀；

续表

主程序	注释
N230 X0 Y0;	快速置位到 0 点上方;
N240 M98 P00010011;	加工第四象限压板槽;
N250 G51 X0 Y0 I1 J-1;	X 轴镜像;
N260 M98 P00010011;	加工第一象限压板槽;
N270 G51 X0 Y0 I-1 J-1;	X、Y 轴镜像;
N280 M98 P00010011;	加工第二象限压板槽;
N290 G51 X0 Y0 I-1 J1;	Y 轴镜像;
N300 M98 P00010011;	加工第三象限压板槽;
N310 G50;	取消比例缩放方式;
N320 G00 Z200;	抬刀;
N330 X-5 Y0;	快速置位到 16 点上方;
N340 Z5;	快速下刀置安全平面;
N350 G01 Z0;	直线插补下刀置 Z0 平面;
N360 M98 P00040010;	调用铣圆形型腔下刀槽子程序;
N370 G90 G41 G01 X15 Y0 D01;	绝对输入,直线插补置 18 点并建立左刀补(粗加工 D01 取 8.2,精加工 D01 取理论值 8,但要实测);
N380 G03 I-15;	加工整圆;
N390 G40 G01 X0 Y0;	直线插补置 0 点并取消半径补偿;
N400 G00 Z200;	抬刀;
N410 X-200 Y0;	快速置位到换刀点(200,0);
N420 G49;	取消长度补偿;
N430 M06 T02;	换 T02 号 ϕ16 定心钻;
N440 G43 H02 M08;	调用 T02 号刀正向长度补偿并开冷却液;
N450 G98 G81 X0 Y0 Z-9 R5 M03 S800 F70;	钻孔位 0 中心孔后返回初始平面;
N460 X-28.285 Y-28.285 Z-12;	钻孔位 1 中心孔后返回初始平面;
N470 X28.285;	钻孔位 2 中心孔后返回初始平面;
N480 Y28.285;	钻孔位 3 中心孔后返回初始平面;
N490 X-28.285;	钻孔位 4 中心孔后返回初始平面;
N500 G00 X-200 Y0;	快速置位到换刀点(200,0);
N510 G49;	取消长度补偿;
N520 M06 T03;	换 T03 号 ϕ9 钻头;
N530 G43 H03 M08;	调用 T03 号刀正向长度补偿并开冷却液;
N540 G98 G73 X0 Y0 Z-30 R5 Q5 M03 S700 F70;	钻孔位 0 孔后返回初始平面;
N550 X-28.285 Y-28.285;	钻孔位 1 孔后返回初始平面;
N560 X28.285;	钻孔位 2 孔后返回初始平面;
N570 Y28.285;	钻孔位 3 孔后返回初始平面;
N580 X-28.285;	钻孔位 4 孔后返回初始平面;

续表

主程序	注释
N590 G00 X-200 Y0;	快速置位到换刀点（200，0）；
N600 G49;	取消长度补偿；
N610 M06 T04;	换T04号φ11.8钻头；
N620 G43 H04 M08;	调用T04号刀正向长度补偿并开冷却液；
N630 G98 G81 X0 Y0 Z-30 R5 M03 S300 F60;	扩孔位0后返回初始平面；
N640 G00 X-200 Y0;	快速置位到换刀点（200，0）；
N650 G49;	取消长度补偿；
N660 M06 T05;	换T05号φ19钻头；
N670 G43 H05 M08;	调用T05号刀正向长度补偿并开冷却液；
N680 G98 G82 X0 Y0 Z-8 R5 M03 S200 F40 P2000;	倒孔位0角后返回初始平面；
N690 G00 X-200 Y0;	快速置位到换刀点（200，0）；
N700 G49;	取消长度补偿；
N710 M06 T06;	换T06号φ12H7铰刀；
N720 G43 H06 M08;	调用T06号刀正向长度补偿并开冷却液；
N730 G98 G85 X0 Y0 Z-30 R5 M03 S150 F70;	铰孔位0孔后返回初始平面；
N740 G00 X-200 Y0;	快速置位到换刀点（200，0）；
N750 G49;	取消长度补偿；
N760 M30;	程序结束。

四、相关的理论知识

（一）极坐标编程

加工呈圆周分布的零件，采用极坐标编程十分方便。G16是极坐标系设定指令，G15是极坐标系取消指令。

指令格式：（G17/G18/G19） G16　X＿＿＿　Y＿＿＿　（Z＿＿＿）；

指令格式：G15；

说明：

（1）用G17～G19指令选择极坐标所在的平面。在选定平面的第一轴上确定极半径，第二轴上确定极角（单位是度）。第一坐标轴正方向的极角是零度，逆时针旋转为正极角，顺时针旋转为负极角。如用G17指令，极坐标所在平面为XY平面。X地址表示极半径，Y地址表示极角。G16程序段中的极半径和极角都是模态量。

（2）用绝对值指令G90编程时，工件零点为极坐标的极心位置，工件零点到编程点之间的距离为极半径。用增量值指令G91编程时，当前位置为极坐标中心，当前位置和编程点之间的距离为极半径。建议编程用绝对值指令，而G91指令尽量少用。

例 2 – 10 如图 2 – 70 所示的六边形，用极坐标指令编写加工程序。

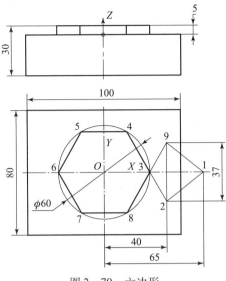

图 2 – 70 六边形

六边形极坐标指令编程主程序如表 2 – 32 所示。

表 2 – 32 六边形极坐标指令编程主程序

主程序	注释
000013；	六边形极坐标指令编程主程序；
N10 G90 G54 G00 X65 Y0 M03 S600；	绝对输入，调用第一工件坐标系，快速置位到 1 点上方，主轴正转，转速为 600 r/min；
N20 Z – 5；	下刀置 Z – 5 平面；
N30 G42 G01 X40 Y – 18.5 D01 F150；	以进给速度 150 mm/min 直线插补置 2 点建立右刀补；
N40 X30 Y0；	插补置点 3；
N50 G16 X30 Y60；	极坐标编程，插补置点 4；
N60 Y120；	极坐标编程，插补置点 5；
N70 Y180；	极坐标编程，插补置点 6；
N80 Y240；	极坐标编程，插补置点 7；
N90 Y300；	极坐标编程，插补置点 8；
N100 Y360；	极坐标编程，插补置点 3；
N110 G15 X40 Y18.5；	取消极坐标编程，插补置点 9；
N120 G40 X65 Y0；	插补置点 1 并取消半径补偿；
N130 G00 Z200；	抬刀；
N140 M30；	程序结束。

(二) 坐标系旋转

指令在给定的插补平面上按指定旋转中心及旋转方向将坐标系旋转一定的角度。G68 表示坐标系旋转，G69 用于撤销旋转功能。

指令格式：G68（G17/G18/G19） X___ Y___ (Z___) R___；

指令格式：G69；

说明：

（1）格式中，X、Y、Z 为旋转中心坐标。当 X、Y、Z 省略时，G68 指令认为当前刀具中心位置即为旋转中心。R 为旋转角度，单位是度，逆时针旋转为正，顺时针旋转为负，旋转范围是 $-360° \sim +360°$，第一坐标轴正方向是 $0°$。

（2）G68 指令用绝对值编程，G68 所在程序段要指定两个坐标才能确定旋转中心。如果紧接 G68 后的一条程序段为增量值编程，那么系统将以当前刀具的坐标位置为旋转中心，按 G68 给定的角度旋转坐标系。

（3）插补平面内的刀具半径补偿功能同样同步旋转，但不在插补平面内的坐标轴不旋转。

例 2-11 如图 2-71 所示，用半径为 R5 的立铣刀，设置刀具半径补偿偏置号 D01 的数值为 5，应用旋转指令编程。

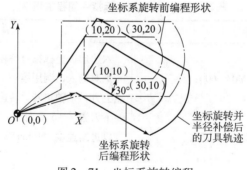

图 2-71 坐标系旋转编程

坐标系旋转编程主程序如表 2-33 所示。

表 2-33 坐标系旋转编程主程序

主程序	注释
O00014；	坐标系旋转编程主程序；
N10 G90 G54 G00 X65 Y0 M03 S600；	绝对输入，调用第一工件坐标系，快速置位到原点上方，主轴正转，转速为 600 r/min；
N20 Z5；	下刀置安全平面；
N30 G01 Z-5 F150；	以进给速度 150 mm/min 下刀至 Z-5 平面；
N40 G68 X10 Y10 R-30；	G54 工件坐标系绕点 (10, 10) 顺时针旋转 30°；
N50 G42 G01 X10 Y10 D01；	插补置点 (10, 10) 建立右刀补；

续表

主程序	注释
N60 X30;	插补置点（30，10）；
N70 G03 Y20 J5;	插补置点（30，20）；
N80 G01 X10;	插补置点（10，20）；
N90 Y10;	插补置点（10，10）；
N100 G40 X0 Y0;	插补置点（0，0）并取消刀补；
N110 G69;	取消工件坐标系旋转；
N120 G00 Z200;	抬刀；
N130 M30;	程序结束。

（三）比例缩放功能

对加工程序指定的图形进行缩放，各轴比例因子相等的缩放编程方法如下：

G51 表示比例缩放有效，G50 表示比例缩放取消。

指令格式：G51 X____ Y____ P____；

指令格式：G50；

说明：

（1）其中，X、Y 为比例缩放中心坐标，以绝对值指定，P 为缩放比例，指定范围为 0.001～999.999。比例因子是缩放之后的编程尺寸与缩放之前的编程尺寸的比值。比例因子大于 1，表示放大；比例因子小于 1，表示缩小。如图 2-72 所示，$P_1 \sim P_4$ 为编程图形，$P'_1 \sim P'_4$ 为按比例缩放后的图形，P_C 为比例缩放中心。

（2）若不指定比例因子 P，可由 MDI（手动输入指令）预先设定；若省略 X、Y、Z，则将指令 G51 执行时刀具所在的位置作为比例缩放中心。

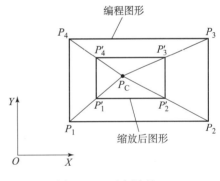

图 2-72 比例缩放

（3）比例缩放功能不能缩放刀具补偿值（如刀具半径补偿和长度补偿）。

（四）镜像功能

1. 比例缩放镜像

当比例缩放功能指令中各轴比例因子为负值时，则执行镜像加工，以比例缩放中心为镜像对称中心。X、Y、Z 轴的比例因子分别是 I、J、K 且不能用小数点。

2. 可编程镜像

G51.1 表示设置可编程镜像，G50 表示取消可编程镜像。

指令格式：G51.1 X____ Y____；

指令格式：G50；

说明：

格式中，X、Y 为对称点或对称轴。

3. 镜像功能使用注意事项

当对所选平面其中一轴使用镜像时，其结果如下：

(1) 圆弧指令，旋转方向反向，即 G02→G03，G03→G02。

(2) 刀具半径补偿偏置方向反向，即 G41→G42，G42→G41。

(3) 坐标系旋转，旋转角度反向。

对固定循环使用镜像时，下面的量不镜像：

(1) 在深孔钻 G83、G73 中，渐进量和退刀量不使用镜像。

(2) 在精镗 G76 和反镗 G87 中，移动方向不镜像。

使用镜像功能时，要求机床反向间隙很小，否则加工表面粗糙度很低，轮廓不光滑，几乎不能使用。

例 2-12 如图 2-73 所示，请用上述两种编程格式实现镜像加工。

镜像加工编程程序如表 2-34~表 2-36 所示。

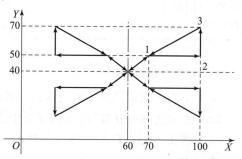

图 2-73 镜像加工

表 2-34 右上角三角形轮廓加工子程序

子程序	注释
O0015；	右上角三角形轮廓加工子程序；
N10 G01 G90 X70 Y50；	插补置点 1；
N20 X100；	插补置点 2；
N30 Y70；	插补置点 3；
N40 X70 Y50；	插补置点 1；
N50 X60 Y40；	插补置点（60，40）；
N60 M99；	子程序结束。

表 2-35 比例缩放镜像编程主程序

主程序	注释
O0016；	比例缩放镜像编程主程序；
N10 G90 G54 G00 X60 Y40 M03 S500 F100；	绝对输入，调用第一工件坐标系，快速置位到点（60，40）上方，主轴正转，转速为 500 r/min，进给速度为 100 mm/min；
N20 Z10；	快速下刀置安全平面；
N30 G01 Z-5；	下刀置 Z-5 平面；

续表

主程序	注释
N40 M98 P00010015; N50 G51 X60 Y40 I-1 J1; N60 M98 P00010015; N70 G51 X60 Y40 I-1 J-1; N80 M98 P00010015; N90 G51 X60 Y40 I1 J-1; N100 M98 P00010015; N110 G50 G00 Z200; N120 M30;	加工第一象限图形; Y 轴镜像; 加工第二象限图形; X、Y 轴镜像; 加工第三象限图形; X 轴镜像; 加工第四象限图形; 抬刀,取消比例缩放方式; 程序结束。

表 2-36 可编程镜像编程主程序

主程序	注释
00017; N10 G90 G54 G00 X60 Y40 M03 S500 F100; N20 Z10; N30 G01 Z-5; N40 M98 P00010015; N50 G51.1 X60; N60 M98 P00010015; N70 G51.1 X60 Y40; N80 M98 P00010015; N90 G51.1 Y40; N100 M98 P00010015; N110 G50.1 G00 Z200; N120 M30;	可编程镜像编程主程序; 绝对输入,调用第一工件坐标系,快速置位到点 (60,40) 上方,主轴正转,转速为 500 r/min,进给速度为 100 mm/min; 快速下刀置安全平面; 下刀置 $Z-5$ 平面; 加工第一象限图形; Y 轴镜像; 加工第二象限图形; X、Y 轴镜像; 加工第三象限图形; X 轴镜像; 加工第四象限图形; 抬刀,取消镜像; 程序结束。

五、思考与练习

1. 极坐标编程的主要应用条件是什么?
2. 如何确定极坐标编程?如何确定坐标系旋转的旋转中心?
3. 简述镜像功能使用注意事项。
4. 编制图 2-74~图 2-76 所示零件的数控加工工艺和程序。

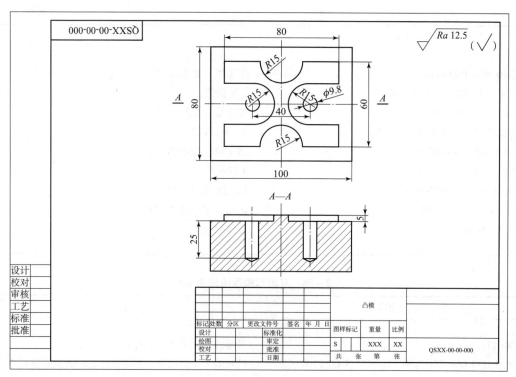

图 2-74 凸模 1

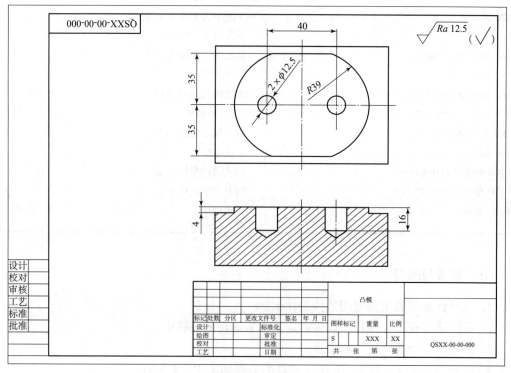

图 2-75 凸模 2

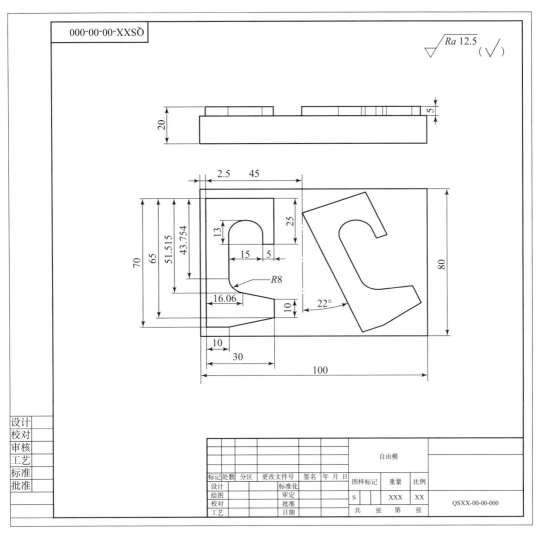

图 2-76 自由模

项目三
模具零件的 CAM 加工

教学目标

- 会使用 CAM 软件（UG）对各类模具零件的数控加工工艺进行设置。
- 会使用 CAM 软件（UG）对各类模具零件的数控加工进行参数化设置。
- 会使用 CAM 软件（UG）进行零件的后置处理并生成加工程序。

工作任务

- 完成模块 1~4 中各类模具零件的 CAM 加工设置。

模块 1　平面类模具零件的 CAM 加工

一、教学目标

1. 会使用 CAM 软件（UG）对平面类模具零件的数控加工工艺进行设置。
2. 会使用 CAM 软件（UG）对平面类模具零件的数控加工进行参数化设置。

二、工作任务

(一) 零件图纸

平面类模具零件造型图和工程图分别如图 3-1 和图 3-2 所示。

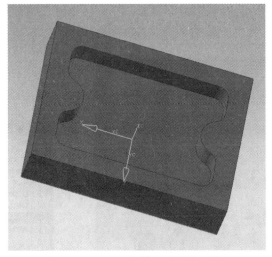

图 3-1　平面类模具零件造型图

(二) 生产纲领

加工 2 件。

三、工作化学习内容

(一) 进行参数化设置前的准备工作

这里以使用 UGNX6.0 为例，说明模具零件的 CAM（计算机辅助制造）加工参数化设置的方法，首先从 UGNX6.0 中打开模具零件造型图（图 3-3），然后通过【开始】→【加工】进入 CAM 模块（图 3-4）。

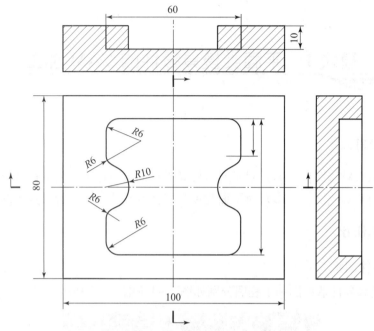

图 3-2 平面类模具零件工程图

图 3-3 打开模具零件造型图

图 3-4 进入 CAM 模块

(二) 创建几何体的参数设置

在左边【导航器】中选择【部件导航器】,选中毛坯部分,右键单击出现的【显示】,则可以在右侧零件造型中出现毛坯(图3-5)。

在左边【导航器】中选中【操作导航器】,首先切换到几何视图模式,单击【WORKPIECE】,则出现图3-6所示的【几何体】菜单,单击【指定毛坯】按钮,出现的【毛坯几何体】菜单,在右边造型零件中选择毛坯部分,再单击【确定】按钮,这样毛坯便已创建好。

图3-5 显示毛坯　　　　　　　　　图3-6 创建毛坯

在上侧工具栏中单击【创建几何体】,在【位置】→【几何体】中选择【WORKPIECE】,修改名称为【Blank】,单击【应用】按钮(图3-7),则出现【铣削边界】对话框,选定【指定毛坯边界】,出现图3-8所示的【毛坯边界】对话框。在右侧造型零件中以选择线方式选择毛坯边界(图3-8)。

图3-7 创建几何体　　　　　　　　图3-8 选择毛坯边界

然后在【部件导航器】中隐藏毛坯，返回到【创建几何体】（图3-9），在【位置】→【几何体】中选择【Blank】，修改名称为【Blank】，单击【应用】按钮（图3-10），在出现的【铣削边界】对话框中选择【指定部件边界】，出现【铣削边界】对话框。用同样的方法在右侧造型零件中以选择面方式选择部件边界（图3-11）。

至此，几何体已创建完成。

（三）创建加工方法的参数设置

在上侧工具条中单击【创建操作】，然后选择【操作子类型】中的【平面铣削】操作，修改操作名称为【PLANAR_ROUGH】，单击【确定】按钮（图3-12），出现【平面铣】加工方法参数设置。【指定部件边界】和【指定毛坯边界】已经在之前设定好，下面开始设定其他参数（图3-13）。

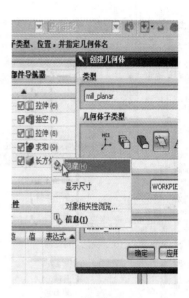

图3-9　隐藏毛坯

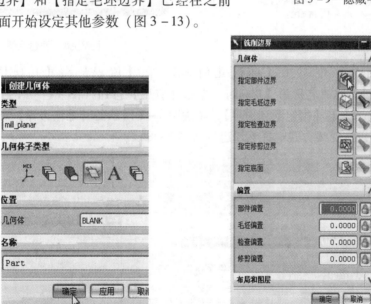

图3-10　指定铣削边界　　　　图3-11　选择部件边界

单击【指定底面】，出现平面构造器，在右边造型图中选择加工底面，然后单击【确定】即可返回到【平面铣】主菜单，然后单击【切削层】，出现【切削深度参数】对话框，把类型修改为【用户定义】，在最大值中输入加工的最大深度，例如可输入5.0，然后单击【确定】按钮（图3-14）。

在【平面铣】主菜单中选择【非切削移动】，选择【传递/快速】项目栏，【间隙】选择【自动】，【安全距离】默认为3.0，然后单击【确定】按钮（图3-15）。

至此，加工方法的参数设置已经完成。

图 3-12 创建操作

图 3-13 平面铣参数设置

图 3-14 切削深度参数设置

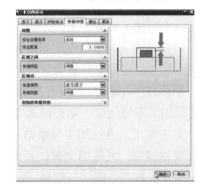

图 3-15 非切削移动参数设置

(四) 生成刀具路径轨迹的参数设置

单击【平面铣】主菜单的最下面一个选项【操作】中的【生成】(图 3-16),则开始生成刀具轨迹,查看右边的造型零件,即可以看到刀具路径轨迹,如图 3-17 所示。

图 3-16 操作生成

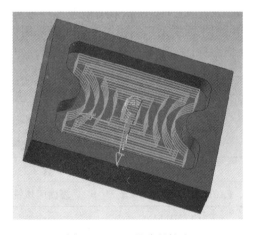

图 3-17 刀具路径轨迹

四、相关的理论知识

（一）平面铣削的基本类型

UG 是 CAD/CAM（计算机辅助设计/制造）集成度很高的一种软件，其中 CAM 模块尤其出色，在同类软件中处于绝对领先的地位，它提供了一种交互式编程工具，可计算生成精确可靠的刀具加工轨迹，是一个功能强大的计算机辅助制造模块。一方面 UGCAM 功能强大，可以实现对形状复杂零件和特殊零件的加工；另一方面这种 CAM 编程工具十分易于使用。UGCAM 主要可以实现以下几种功能：

（1）平面铣。平面铣可实现对平面零件的粗加工和精加工。

（2）型腔铣削。型腔铣削是三轴加工，主要用于对各种零件的粗加工，特别是平面铣削不能解决的曲面零件的粗加工。

（3）固定轴曲面轮廓铣削。固定轴曲面轮廓铣削主要用于以三轴方式对零件曲面进行粗加工、半精加工和精加工。

（4）可变轴曲面轮廓铣削。可变轴曲面轮廓铣削是以五轴方式，针对比固定轴曲面轮廓铣削所加工的零件形状更为复杂的零件表面进行半精加工和精加工。

（5）顺序铣削。顺序铣削以三轴或五轴方式实现对特别零件的精加工，其原理是以铣刀的侧刃加工零件侧壁，端刃加工零件的底面。

（6）点位加工。点位加工包括钻、攻螺纹、铰孔、镗孔加工。

（7）螺纹铣削。凡是因为螺纹直径太大，不适合用丝锥加工的螺纹孔都可以利用螺纹铣削加工方法解决。螺纹铣削利用特别的螺纹铣刀通过铣削方式加工螺纹。

数控机床是按照编制好的加工程序自动地对零件进行加工的高效设备，数控程序的质量是影响数控机床的加工质量和使用效率的重要因素。

对于简单零件，可以采用手工编程；对于复杂的零件，我们一般采用基于 CAD/CAM 软件技术的图形交互的自动编程方法来编制程序。CAD/CAM 零件的设计和制造，可以缩短编程时间，提高工作效率和编程质量，还可以有效地保证零件的加工精度。

在 UGNX6 中，平面铣削的加工对象是实体、曲面或线条，其加工区域为平面的零件均可用平面铣削来编程加工，一般采用大刀具进行，加工速度快、效率高。该铣削方式包括多种加工类型。最常用的刀路为沿开放轮廓铣平面和沿封闭轮廓铣平面。

在平面铣削模板里操作子类型一共有 15 个，当鼠标停留在某个子类型上面时，就会出现相应的名称，每个子类型按顺序排列，对应的英文按钮翻译成中文如表 3 - 1 所示。

表 3 - 1 平面铣削加工子类型模板含义

子类型英文名称	含义	说明
FACE_MILLINO_AREA	表面区域铣	以面来定义切削区域的表面铣
FACE_MILLING	表面铣	基本的面切削操作，用于切削实体上的平面

续表

子类型英文名称	含义	说明
FACE_MILLING_MANUAL	表面手动铣	混合切削模式,各个面上都不同,其中的一种切削模式是手动
PLANAR_MILL	平面铣	基本的平面铣操作,采用多种切削模式加工二维边界以及底平面
PLANAR_PROFILE	平面轮廓铣	特殊的二维轮廓铣削类型,用于在不定义毛坯的情况下轮廓铣。常用于修边
ROUGH_FOLLOW	跟随零件粗铣	使用跟随工件切削模式的平面铣
ROUGH_ZIGZAG	往复式粗铣	使用往复切削模式的平面铣
ROUGH_ZIG	单向粗铣	使用单向轮廓铣削模式的平面铣
CLEANUP_CORNERS	清理拐角	使用前一操作的二维 IPW,以跟随零件切削类型进行平面铣,常用于清除拐角
FINISH_WALLS	精铣侧壁	默认切削方法为轮廓铣削,默认深度为只有底面的平面铣削
FINISH_FLOOR	精铣底面	默认切削方法为跟随零件铣削,默认深度为只有底面的平面铣削
THREAD_MILLING	螺纹铣	使用螺旋切削铣削螺纹孔
PLANAR_TEXT	文本铣	切削制图中注释的文字,用于二维雕刻
MILL_CONTROL	机床控制	创建机床控制事件,添加后处理选项
MILL_USER	自定义方式	由自定义的 NX Open 程序生成刀具路径

1. 表面铣削

表面铣削是通过选择平面区域来指定加工范围的一种操作,属于一种较为特殊的平面铣。表面铣削创建的刀位轨迹在与 XY 平面平行的切削层上,通过平面定义来加工几何体,此平面可通过平面(选择的平面必须与 XY 平面垂直)、曲线、边缘来定义;同时,此平面也作为面铣的底平面。因此,表面铣不需要再定义底平面,操作相对于平面铣而言较为简便。当选取实体平面为加工几何体时,系统会自动避免过切。

2. 平面铣削

平面铣削是用于轮廓、平面区域或平面孤岛的一种铣削方式。它通过逐层切削工件来创建刀具路径,可用于零件的粗、精加工,尤其适用于需大量切除材料的场合。

平面铣削系列在平面铣削模板内,它是基于水平切削层上创建刀路轨迹的一种加工类型。按照加工的对象分类,平面铣削有精铣底面、精铣壁、铣轮廓、挖槽等;按照切削模式分类,平面铣削有往复、单向、轮廓等。

3. 两种铣削方式对比

平面铣与表面铣创建过程类似,即首先创建几何体、刀具、方法,然后进行操作设置并设置操作参数，最后由这些参数设置生成刀具轨迹。平面铣和表面铣也有不同之处，区别在于平面铣部件边界（零件需要加工的轮廓）、指定底面（加工的深度）、指定毛坯边界（加工时区域的毛坯）等操作。

4. 平面铣的组设置

在进行平面铣削加工之前首先需要创建程序组，以便于后续操作和修改，它显示当前操作所使用的方法、几何体和刀具。如果在创建操作时指定了合适的方法、几何体和刀具父节点组，在这里不需要进行设置；如果在创建操作时没有指定合适的父节点组，在这种情况下就可以通过【组】选项卡选择父节点组，或重新指定当前操作的父节点组。

（二）零件图工艺分析

数控铣削加工的工艺设计是在普通铣削加工工艺设计的基础上，考虑利用数控铣床的特点，充分发挥其优势。特别是在进行CAM加工的过程中，工艺分析便显得尤为重要，为设置加工参数提供了重要的依据。

在平面类模具零件的加工中，其铣削的路径是由直线和圆弧曲线构成的；有严格的位置尺寸要求；槽和曲面能够用一次装夹加工出要求的尺寸。因此，采用数控铣削加工能有效地提高生产效率，减轻劳动强度。

（1）分析平面类模具零件的形状、结构及尺寸的特点：一般来说，零件上没有妨碍刀具运动的部位（若有则必须在参数设置中进行设置），走刀不会产生加工干涉或加工不到的区域；还需要分析零件的尺寸大小，是否小于机床的最大行程；零件的刚性随着加工的进行是否会有大的改变。

（2）检查零件的加工要求：由零件图中的对加工条件和零件内容的综合分析以及零件的工艺信息要求的内容，确定凸凹模具尺寸加工精度、形位公差及表面粗糙度在现有的加工条件下是否可以得到保证。

（3）凸凹模板的加工是否有过渡圆角、倒角，所以对刀具的形状有没有要求。特别是在加工一些内圆弧时，刀具直径必须小于圆弧直径，否则便不能加工。例如，在加工零件内的平键时，键两头的半圆直径均为20，因此，要求刀具的直径不能超过18，以防出现加工的失真现象。

（4）对于零件加工中使用的工艺基准应当着重考虑，它不仅决定了各个加工工序的前后顺序，各个工序加工后，还将对各个加工面之间的位置精度产生直接的影响。对于凸凹模具，由于只有两个平面需要加工，必须选用未加工平面作为加工基准，先对复杂面进行加工，然后再以加工好的面为基准对另外一面进行加工。

（5）分析零件材料的种类、牌号以及热处理的要求，了解零件材料的切削加工性能，合理选择刀具材料和切削参数。例如，如果模具的毛坯材料为45#钢，未经过热处理，所以在工艺路线中，不用安排相应的工序消除热处理所产生的变形。

（6）当零件上的一部分内容已经加工完成，这时，应该充分了解零件的已加工状态，以及数控铣削加工的内容与已经加工内容之间的关系。例如，凸凹模具的相邻表面在加工过程中会产生相互作用，在零件不同表面连接处会出现毛刺，故加工完零件，应该有去毛刺这一道工艺程序。

(三) 数控铣削加工工艺的拟定

对零件进行工艺分析之后,还要进行加工工艺的选择和确定。对零件加工工艺的选择主要包括加工工具的选择、工序的划分和对加工顺序的安排。

1. 加工工具的选择

1) 平面加工工具的选择

在数控铣床或加工中心上加工平面主要采用端铣刀和立铣刀;对于凸凹模具的加工要选用立铣刀,根据加工余量和加工精度要求,需要精加工,所以需要精立铣刀和粗立铣刀。

2) 平面轮廓加工工具的选择

凸凹模具零件的平面轮廓主要由直线和圆弧构成,所以采用三坐标数控铣床进行两轴半坐标的加工。

2. 工序的划分

在确定了凸凹模具零件的加工内容和加工方法的基础上,根据加工部位的性质、刀具使用的情况以及现有的加工条件,将这些加工内容安排在一个或者几个数控铣削加工工序中。凸凹模具零件的加工在根据尽量减少换面次数和换刀次数以缩短辅助时间、按照工件表面的性质以及要求的原则之下,将加工分为粗加工、半精加工和精加工。

(1) 两直槽及平键凸台的粗加工。

(2) 两直槽及平键凸台的半精、精加工。

(3) 反面外轮廓及凹槽的粗加工。

(4) 反面外轮廓及凹槽的半精、精加工。

3. 对加工顺序的安排

在确定了某个工序的加工内容后,要进行详细的工步设计,即安排这些工序内容的加工顺序,同时考虑程序编制时刀具运动轨迹的设计。

(四) 确定装夹方案

夹紧是工件装夹过程中的重要组成部分,工件定位后,必须通过一定的机构产生夹紧力,把工件压紧在定位元件上,使其保持准确的定位位置,不会由于切削力、工件重力、离心力或者惯性力等力的作用而产生位置变化和震动,以保证加工精度和安全操作。

1. 夹紧装置应该具备的基本条件

(1) 夹紧过程可靠,不改变工件定位后所占据的位置。

(2) 夹紧力的大小适当,就是要保证工件在加工的过程中其位置不变,振动小,又要使工件不会产生过大的夹紧变形。

(3) 操作省力、简单、方便、安全。

(4) 结构性好,夹紧装置的机构力求简单、紧凑,便于制造和维修。

2. 凸凹模具夹具的选择

首先考虑模具零件的形状,如果凸凹模具的形状比较规则,如一块矩形板,可以考虑工件的定位基准与夹紧的方案，采用平口虎钳装夹，方便灵活，从而保证了加工的精度。平口虎钳在数控铣床工作台上的安装需要根据加工精度的要求来控制钳口与 X 轴或者 Y 轴的平行度，零件夹紧时要注意控制工件变形和一端钳口上翘。如果模具零件形状比较复杂，则必须考虑设计专用夹具。

3. 对夹具的基本要求

（1）保证夹具的坐标方向和机床的坐标方向相对固定。

（2）能协调零件与机床坐标系的尺寸。

4. 定位与夹紧的注意事项

（1）力求设计基准，工艺基准和编程统一，以减少基准不重合误差和数控编程中的计算工作量。

（2）设法减少装夹次数，以减少装夹误差。

（3）避免采用占机人工调试的方案，以免占机时间太多，影响加工效率。

5. 夹具选择举例

例如，所加工凸凹模具的尺寸为 64×30，所以选择型号为 TIN – LK150 的平口虎钳。夹紧过程可靠，不改变工件定位后所占据的位置；夹紧力的大小适当，就是要保证工件在加工的过程中其位置不变，振动小，又要使工件不会产生过大的夹紧变形；操作省力、简单、方便、安全；结构性好，夹紧装置的机构力求简单、紧凑，便于制造和维修。

工件定位后，必须通过一定的机构产生夹紧力，把工件压紧在定位元件上，使其保持准确的定位位置，不会由于切削力、工件重力、离心力或者惯性力等力的作用而产生位置变化和震动，以保证加工精度和安全操作。

（五）刀具的基本知识

1. 加工中心对刀具的要求

（1）铣刀刚性要好。一是为提高生产效率而采用大切削用量的需要，二是为适应数控铣床加工过程中难以调整切削用量的特点。当工件各处的加工余量相差悬殊时，通用铣床遇到这种情况很容易采取分层铣削方法加以解决，而数控铣削就必须按程序规定的走刀路线前进，遇到余量大时无法像通用铣床那样"随机应变"，除非在编程时能够预先考虑到，否则铣刀必须返回原点，用改变切削面高度或加大刀具半径补偿值的方法从头开始加工，多走几刀。但这样势必造成余量少的地方经常走空刀，降低了生产效率。因此，如果刀具刚性较好就不必如此。

（2）铣刀的耐用度要高。尤其是当一把铣刀加工的内容很多时，如刀具不耐用而磨损较快，就会影响工件的表面质量与加工精度，而且会增加换刀引起的调刀与对刀次数，也会使工作表面留下因对刀误差而形成的接刀台阶，降低了工件的表面质量。

除上述两点之外，铣刀切削刃的几何角度参数的选择及排屑性能等也非常重要，切屑黏刀形成积屑瘤在数控铣削中是十分忌讳的。总之，根据被加工工件材料的热处理状态、切削性能及加工余量，选择刚性好，耐用度高的铣刀，是充分发挥数控铣床的生产效率和获得满意的加工质量的前提。

2. 常用铣刀的种类

(1) 盘铣刀。盘铣刀一般采用在盘状刀体上机夹刀片或刀头组成,常用于端铣较大的平面。

(2) 端铣刀。端铣刀是数控铣加工中最常用的一种铣刀,广泛用于加工平面类零件,端铣刀除用其端刃铣削外,也常用其侧刃铣削,有时端刃、侧刃同时进行铣削,端铣刀也可称为圆柱铣刀。

(3) 成型铣刀。成型铣刀一般都是为特定的工件或加工内容专门设计制造的,适用于加工平面类零件的特定形状(如角度面、凹槽面等),也适用于特形孔或台。

(4) 球头铣刀。球头铣刀适用于加工空间曲面零件,有时也用于平面类零件较大的转接凹圆弧的补加工。

除上述几种类型的铣刀外,数控铣床也可使用各种通用铣刀。但因不少数控铣床的主轴内有特殊的拉刀装置,或因主轴内孔锥度有别,需配制过渡套和拉杆。

3. 铣刀刀柄

数控加工系统是高柔性化的加工系统,刀具数量多,要求更换迅速。因此,刀辅具的标准化和系列化十分重要。发达国家对刀辅具的标准化和系列化都十分重视,不少国家不仅有国家的标准,而且一些大的公司也都制定了自己标准和系列。我国除了已制定的标准刀具系列外,还建立了 TSG82 数控工具系统。该系统是铣镗类数控工具系统,是一个连接数控机床(含加工中心)的主轴与刀具之间的辅助系统。编程人员可以根据数控机床的加工范围,按标准刀具目录和标准工具系统选取与配置所需的刀具和辅具,供加工时使用。

五、思考与练习

1. 加工平面类模具零件一般如何选择刀具和夹具?

2. 除了在上侧工具条中有【创建刀具】、【创建操作】等操作外,还可以在什么地方进行这类操作?

3. 如何在软件加工中设置粗加工和精加工?

4. 对图 3-18 所示模型进行 CAM 加工的参数化设置。

图 3-18 题 4 图

模块 2 曲面类模具零件的 CAM 加工

一、教学目标

1. 会使用 CAM 软件对曲面类模具零件的数控加工工艺进行设置。
2. 会使用 CAM 软件对曲面类模具零件的数控加工进行参数化设置。

二、工作任务

(一) 零件图纸

曲面类模具零件造型图和工程图分别如图 3-19 和图 3-20 所示。

图 3-19 曲面类模具零件造型图

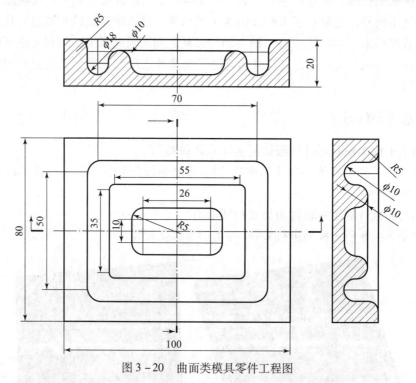

图 3-20 曲面类模具零件工程图

(二) 生产纲领

加工 2 件。

三、工作化学习内容

（一）型腔 CAM 加工坐标系的设置

首先从 UGNX6.0 中打开模具零件造型图，通过【开始】→【加工】进入 CAM 模块。然后建立加工环境，选择【mill_contour】型腔铣削加工环境，适合铣削一些简单的曲面类型模具零件（图 3 – 21）。

图 3 – 21　选择型腔铣削加工环境

找到左侧工具栏的【操作导航器】，切换到【几何视图】模式，双击【MCS_MILL】来设定坐标系（图 3 – 22）。在【机床坐标系】中单击【指定 MCS】，会切换到 CSYS（坐标系）设定（图 3 – 23），此时左边造型零件中的坐标系原点变为活动状态，可以点住坐标原点进行拖拽至确定的工件坐标系原点，或者直接输入坐标都可。单击【确定】按钮后返回到上一级菜单。

图 3 – 22　操作导航器

图 3 – 23　CSYS（坐标系）设定

找到【间隙】选项中的【安全设置选项】，选择【自动】，在下面的【安全距离】中输入一个自定的安全距离的值。也可以在【安全设置选项】中，选择【平面】，单击【指定安全平面】（图 3 – 24），进入【平面构造器】对话框，在偏置中输入 60.0，单击【确定】按钮（图 3 – 25）。

（二）型腔 CAM 加工刀具的设置

在上侧工具栏中找到【创建刀具】，在【刀具子类型】中选择铣刀，修改刀具名称为【MILL_D16R1】（图 3 – 26），单击【确定】按钮后进入刀具参数设置菜单。在【铣刀参数】中分别设置如下参数：直径 16.0，底圆角半径 1.0，长度 75.0，刀刃个数 4，然后单击【确定】按钮。这样便设置好一把直径为 16 mm 的平底圆角 4 刃立铣刀（图 3 – 27）。

图 3-24 指定安全平面

图 3-25 平面构造器

图 3-26 创建刀具

图 3-27 设置铣刀参数

(三) 型腔 CAM 加工几何体的设置

在上侧菜单栏中选择【创建几何体】,在出现的菜单中【几何体子类型】中选择最后一个【MILL_GEOM】,单击【确定】按钮(图 3-28)。在出现的【铣削几何体】中单击【指定毛坯】,在出现的【毛坯几何体】中直接选择右边造型零件的所有要加工的毛坯,单击【确定】按钮(图 3-29)。然后在【部件导航器】中隐藏零件毛坯。在

【铣削几何体】中单击【指定部件】，同样也是在出现的【部件几何体】中直接选择右边造型零件，然后单击【确定】按钮（图3-30）。至此加工几何体已全部设置好。

（四）型腔CAM加工方法的设置

在上侧工具栏中单击【创建操作】，在【操作子类型】中选择第一个【型腔铣】，选择已设置好的程序、刀具、几何体、方法，然后单击【确定】按钮（图3-31），进入型腔铣参数设置界面。在【刀轨设置】中，选择【步距】为恒定，【距离】调整为12.0，【全局每刀深度】修改为1.5（图3-32），进入【切削层】，设定合适的【深度范围】，然后单击【确定】按钮（图3-33）。

图3-28 创建几何体

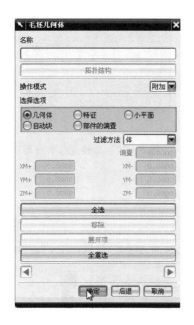

图3-29 毛坯几何体

图3-30 部件几何体

回到上一级菜单，进入【切削参数】，在【余量】选项卡中，去掉在【使用"底部面和侧壁余量一致"】前面的钩，设定【部件侧面余量】为0.5，设定【部件底部余量】为0.3（图3-34）。在【空间范围】选项卡中保持默认选项。在【更多】选项卡中，保持默认选项，然后单击【确定】按钮回到上一级菜单（图3-35）。

进入【非切削移动】，在【进刀】选项卡中，设置【进刀类型】为螺旋，【直径】为12.0，【高度】为5.0（图3-36）。在【退刀】选项卡中，选择【退刀类型】为抬刀，【高度】为10.0，单位设置为mm（图3-37）。在【传递/快速】选项卡中，【安全设置选项】选为自动，【安全距离】设定为5.0 mm。

模具数控加工技术

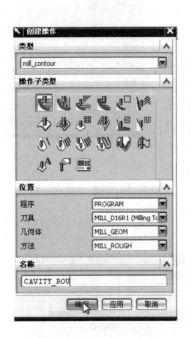

图 3-31 创建操作

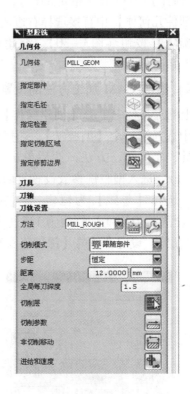

图 3-32 型腔铣参数设置

图 3-33 切削层参数设置

图 3-34 切削参数设置

项目三 模具零件的 CAM 加工

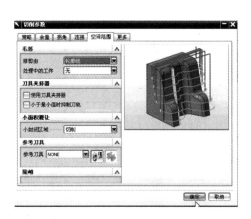

图 3-35 空间范围参数设置

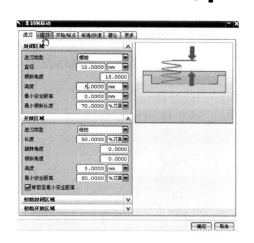

图 3-36 非切削移动中进刀设置

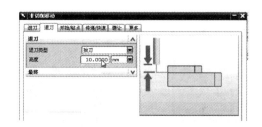

图 3-37 非切削移动中退刀设置

在【进给和速度】选项卡中，【主轴速度】设定为 1 500 rpm。【进给率】中的【切削】设置为 600，【逼近】设置为 400，【进刀】设置为【350】，【第一刀切削】设置为 300，【单步执行】设置为 400，然后单击【确定】按钮，返回上级菜单（图 3-38）。单击【生成】按钮即可生成刀具轨迹（图 3-39）。

（五）CAM 精加工方法的设置

以上进行的加工参数设置过程可认定为粗加工设置，下面进行精加工设置。首先在【操作导航器】中，在【机床视图】下，复制粗加工操作设置（图 3-40），然后在下方进行粘贴（图 3-41），则会产生一个新的加工设置，粘贴后重命名为精加工参数设置（图 3-42）。

创建一个新的刀具，因为是曲面加工，则选定球头铣刀，创建一个 D12R6 的球头铣刀。刀具参数设置方法同上。设置刀具直径为 12 mm，刀具底部圆角为 6 mm（图 3-43）。

对精加工的加工方式进行编辑，进入图 3-44 所示界面，只需修改【切削模式】为配置文件，【步距】选择为残余高度，【残余高度】值设置为 0.1。

精加工的加工参数设置与粗加工参数设置大体相同，只不过在【切削模式】上有所区别。粗加工所选择的【跟随部件】或者是【跟随周边】模式，加工时会自动去除周围加工余量，而精加工所选择的【配置文件】模式，加工时只会加工零件轮廓而不考虑去除周围加工余量。当然，在其他的一些参数化设置，如【主轴速度】和【进给率】等，应该根据具体的加工工艺，设定精加工参数（图 3-44）。

图 3-38 进给和速度参数设置

图 3-39 生成刀具轨迹

图 3-40 复制精加工操作

图 3-41 粘贴精加工操作

项目三 模具零件的 CAM 加工

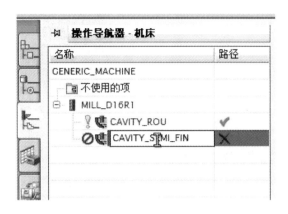

图 3 – 42 重命名为精加工参数设置

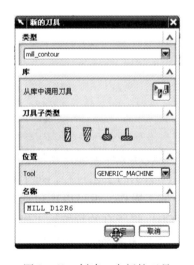

图 3 – 43 创建一个新的刀具

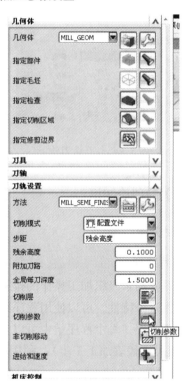

图 3 – 44 设定精加工参数

参数全部设置好以后，单击【生成】按钮，产生刀轨。

（六）动态加工过程模拟的参数化设置

在【操作导航器】中的【程序视图】模式下，右键选择加工程序【PROGRAM】，选择【刀轨】中的【确认】（图 3 – 45），进入刀具轨迹动态模拟，选择【2D 动态】，可以调整动画速度，单击下方向右的箭头，即可生成模拟动画（图 3 – 46）。

模具数控加工技术

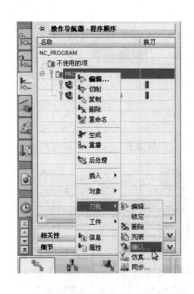

图 3-45　确认刀轨

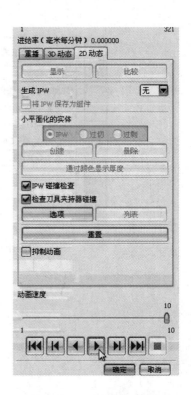

图 3-46　生成模拟动画

四、相关的理论知识

（一）相关操作简介

1. 创建程序组

程序组对象用来组织加工操作的排列顺序，可以将几个加工操作存放在一个程序组对象中。利用这个特性，可以使用程序组来描述零件加工的工艺过程，每个程序组可以代表一个加工工序，每个程序组中可以包含若干种加工操作，也可以再包括几个程序组（此时程序组可以代表加工工步），利用程序组对象可以将所有的数控加工操作按照工艺规程进行组织。

2. 创建刀具

在操作导航器的机床视图中，可以创建数控加工刀具，也可以从系统的刀具库中选择合适的刀具。刀具对象是完成加工的必要因素，可以先创建刀具，再创建加工操作，也可以在创建加工操作的过程中创建刀具对象。

铣刀是比较复杂的刀具，UG NX 系统提供了多种类型的铣刀，包括立铣刀、球刀、面铣刀、T 型刀、桶型刀和自定义铣刀等，在创建铣刀时应遵循以下原则：

（1）输入的直径、底角、长度、顶锥角和切削刃长度参数必须大于等于 0。

（2）锥角必须大于 -90° 且小于 90°。

（3）顶锥角必须小于90°。

（4）锥角和顶锥角相加必须小于90°。

（5）切削刃长度参数必须小于等于刀具长度。

（6）刀具的切削刃数量必须大于0。

3. 创建几何体

几何体对象定义了加工几何体和工件在机床上的放置方向。创建铣削几何体包含创建工件、毛外、检验几何体、加工坐标系和安全平面等；创建车削几何体包含车削主轴对象、工件对象、车削工件、车削包容几何体等对象；在钻孔加工几何体中包含了加工坐标系、钻孔几何体和工件对象；在线切割加工几何体中包含了线切割加工坐标系、内部线切割几何体和外部线切割几何体等对象。

4. 创建加工方法

加工方法对象定义了切削的方法。系统已经定义了粗加工、半精工、精加工方法，用户可以自定义加工方法对象。加工方法对象包含内公差、外公差、部件余量、切削方式、进给和速度、颜色和显示控制选项。在不同的加工类型中，加工对象的参数也会有所不同。

5. 创建加工

创建加工操作是完成创建刀位轨迹的最后环节，在创建加工操作的过程中需要设定操作的类型、子类型、4个父对象以及相关的控制参数。

6. 切削方式

在UG NX中提供了多种切削方式，包括往复式走刀、单向式走刀、跟随周边走刀、跟随部件走刀、单向带轮廓铣走刀、轮廓走刀及标准走刀等。

（1）往复式走刀。往复式走刀创建的是一系列往返方向的平行线，这种加工方法能够有效地减少刀具在横向跨越的空刀距离，提高加工的效率，但往复式走刀方式在加工过程中要交替变换顺铣、逆铣的加工方式，比较适合粗铣表面加工。

（2）单向式走刀。单向式走刀的加工方法能够保证在整个加工过程中都保持同一种加工方式，比较适合精铣表面加工。

（3）跟随周边走刀。跟随周边的走刀方式是沿切削区域轮廓产生一系列同心线来创建刀具轨迹路径，该方式在横向进刀的方式中一直保持切削的状态。

（4）跟随部件走刀。跟随部件的走刀方式是沿零件几何产生一系列同心线来创建刀具轨迹路径，该方式可以保证刀具沿所有零件几何进行切削，对于有孤岛的型腔域，建议采用跟随零件的走刀方式。

（5）单向带轮廓铣走刀。单向带轮廓铣走刀方式能够沿着部件的轮廓创建单向的走刀方式，能够保证使用顺铣或逆铣加工方式完成整个加工操作，顺铣或逆铣取决于第一条走刀轨迹路径。

（6）轮廓走刀。轮廓走刀方式可以沿切削区域的轮廓创建一条或多条切削轨迹，它能够在狭小的区域内创建不相交的刀位轨迹，避免产生过切现象。

(7) 标准走刀。标准走刀方式是平面铣加工的走刀方式，这种方式能够创建与轮廓走刀相似的刀具轨迹路径，但该方法容易产生刀轨自相交现象，并且容易产生切伤零件的现象。一般情况下，使用轮廓走刀方式来代替标准走刀方式。

7. 非切削运动

非切削运动是各种加工操作中非常重要的选项，在同一操作中控制刀具移动，其中包括进刀运动、退刀运动、刀具接近运动、离开运动和移动等。典型加工操作包含非切削运动。

在 UG NX 中提供了非常完善的进刀和退刀的控制方法。在三轴加工中针对封闭的区域提供了螺旋线进刀、沿形状斜进刀和插铣进刀方式；针对开放区域提供了线形、圆弧、点、沿矢量、角度—角度平面、矢量平面等进刀方法。退刀方法可以选择与进刀方法相向。

（二）模具零件建模与数控加工

1. 建立模型

设计的目的是生产，其效益最终通过 CAM 体现出来，所以零件的数字模型的建立就显得十分重要。模型应正确体现设计要求，造型是生产合格零件的保证。在零件建模之前，应该先应确定零件的主要特征。根据零件的主要特征建立特征曲线，并通过适当的拉伸和旋转等操作建立零件的主要结构，同时要确定建立特征的先后顺序，这是能否正确建立复杂零件的关键环节。

2. 曲面模具型腔的加工工艺方案分析

1）工艺路线分析

曲面型腔零件需要加工的部位是内外轮廓面，零件的加工工艺性较好，在数控三轴立式机床上铣削加工较为合适。

2）装夹方式选择

模具零件外轮廓为规则长方体，用虎口钳夹持，一次装夹，完成全部加工表面的粗、精加工。

3）数控加工工艺路线

设计模具零件数控加工分粗、精铣分别进行。粗加工的目的是去除大部分零件加工余量，降低切削力，防止零件变形；精加工的目的是形成零件最终尺寸。

4）加工操作坐标系的确定

根据零件在机床上的安装方向和位置确定坐标轴的方向，用软件编程输出的刀位数据 UG 是刀具中心顶点数据。因此，操作者应按刀具顶点对刀坐标原点，与工作坐标系原点重合，位于模具零件的最高点，这样能够保证加工从最高层开始，到最低点结束，从而完成加工。

3. 模具型腔的典型加工工艺流程

（1）型腔毛坯的准备。型腔材料一般采用钢或铸铝。

(2) 粗加工。加工钢材料的型腔，通常采用白钢刀进行粗加工。加工精度较低，设为 0.1 mm；加工余量为加工精度的 4~7 倍较合适，一般可设为 0.5~0.8 mm；进给速度为 100 mm/min 左右；刀具直径根据零件大小确定。加工方法为等高加工，逐层切出，每层进刀深度约 2 mm。

(3) 半精加工。对于有曲面形状的工件，有时需进行半精加工。半精加工采用直径较小的刀具，一般比精加工刀具大一号。为提高工效，应尽量使用合金刀具，由于不是精加工，所以加工精度可设得较低，如 0.05 mm；加工余量可设为 0.3 mm 左右；进给速度为 1 000 mm/min 左右；剩余加工余量在保证精加工时能够去除半精加工刀痕的情况下应尽量减少，有时甚至可不留余量（实际上在加工量较大的情况下，总会有让刀现象，即使不留余量，精加工仍有加工余量）。

(4) 精加工。加工钢材料的型腔，通常采用硬质合金刀具进行精加工。精加工刀具主要根据工件加工面形状决定，通常采用直径比半精加工刀具小的球刀（加工面为平面时应尽量采用平底刀），以提高工效和避免过切，对于局部圆角部位可采用较小直径刀具再加工一次。加工精度按工件加工要求决定，型腔一般为 0.01，精度设得过高会影响工效，精度设得过低则形状误差大。进给速度为 2 000 mm/min 左右。

实际上对于加工工艺参数来说，不同的加工材料和不同的加工环境都有可能导致加工参数的变化，具体设置虽然有公式可以计算，但一般来说还是使用经验值来进行设定。

（三）数控加工切削用量的确定

合理选择切削用量的原则是：粗加工时，一般以提高生产率为主，但也应考虑经济性和加工成本；半精加工和精加工时，应在保证加工质量的前提下，兼顾切削效率、经济性和加工成本。具体数值应根据机床说明书、切削用量手册，并结合经验而定。

切削深度 t：在机床、工件和刀具刚度允许的情况下，t 就等于加工余量，这是提高生产率的一个有效措施。为了保证零件的加工精度和表面粗糙度，一般应留有一定的余量进行精加工。数控机床的精加工余量可略小于普通机床。

切削宽度 L：一般 L 与刀具直径 d 成正比，与切削深度成反比。经济型数控加工中，L 的取值范围一般为：$L = (0.6~0.9)d$。

切削速度 v：提高 v 也是提高生产率的一个措施，但 v 与刀具耐用度的关系比较密切。随着 v 的增大，刀具耐用度急剧下降，故 v 的选择主要取决于刀具耐用度。另外，v 与加工材料也有很大关系，如用立铣刀铣削合金钢 30CrNi2MoVA 时，v 可采用 8 m/min 左右；而用同样的立铣刀铣削铝合金时，v 可选 200 m/min 以上。

主轴转速 n（r/min）：主轴转速一般根据切削速度 v 来选定，计算如下：

$$n = 1\,000v/\pi D$$

式中 D——刀具或工件直径，mm。

数控机床的控制面板上一般备有主轴转速修调（倍率）开关，可在加工过程中对主轴转速进行整倍数调整。

进给速度 V_f：V_f 应根据零件的加工精度、表面粗糙度要求、刀具与工件材料来选择。V_f 的增加也可以提高生产效率。加工表面粗糙度要求低时，V_f 可选择得大些。在加工过程中，V_f 也可通过机床控制面板上的修调开关进行人工调整，但是最大进给速度受到设备刚度和进给系统性能等因素的限制。

数控编程时，编程人员必须确定每道工序的切削用量，并以指令的形式写入程序中。切削用量包括主轴转速、切削用量及进给速度等。对于不同的加工方法，需要选用不同的切削用量。切削用量的选择原则是：保证零件加工精度和表面粗糙度，充分发挥刀具的切削性能，保证合理的刀具耐用度；充分发挥机床的性能，最大限度地提高生产率，以降低成本。

1. 主轴转速的确定

主轴转速应根据允许的切削速度和工件（或刀具）直径来选择，计算如下：

$$n = 1\,000v/\pi D$$

式中　v——切削速度，m/min，由刀具的耐用度决定；

　　　n——主轴转速，r/min；

　　　D——工件直径或刀具直径，mm。

计算的主轴转速 n 最后要根据机床说明书选取机床有的或较接近的转速。

2. 进给速度的确定

进给速度是数控机床切削用量中的重要参数，主要根据零件的加工精度、表面粗糙度要求、刀具和工件的材料性质选取。最大进给速度受机床刚度和进给系统的性能限制。

确定进给速度的原则有以下几点：

（1）当工件的质量要求能够得到保证时，为提高生产效率，可选择较高的进给速度，一般在 100~200 mm/min 范围内选取。

（2）在切断、加工深孔或用高速钢刀具加工时，宜选择较低的进给速度，一般在 20~50 mm/min 范围内选取。

（3）当加工精度、表面粗糙度要求高时，进给速度应选小些，一般在 20~50 mm/min 范围内选取。

（4）刀具空行程时，特别是远距离"回零"时，可以设定该机床数控系统设定的最高进给速度。

总之，切削用量的具体数值应根据机床性能、相关的手册并结合实际经验用类比方法确定。同时，使主轴转速、切削深度及进给速度三者能相互适应，以形成最佳切削用量。随着数控机床在生产实际中的广泛应用，数控编程已经成为数控加工中的关键问题之一。因此，编程人员必须熟悉刀具的选择方法和切削用量的确定原则，从而保证零件的加工质量和加工效率，充分发挥数控机床的优点，提高企业的经济效益和生产水平。

五、思考与练习

1. 加工曲面类零件所使用的刀具较之平面类零件有什么不同？
2. 在 CAM 软件中，加工曲面有多种加工方法，分别用于什么情况下？
3. 如何在软件加工中设置粗加工和精加工的加工余量？
4. 对图 3-47 所示模型进行 CAM 加工的参数化设置。

图 3-47 题 4 图

模块 3 模具零件孔系的 CAM 加工

一、教学目标

1. 会使用 CAM 软件（UG）对模具零件的孔系数控加工工艺进行设置。
2. 会使用 CAM 软件（UG）对模具零件的孔系数控加工进行参数化设置。

二、工作任务

（一）零件图纸

孔系加工造型图和工程图如图 3-48 和图 3-49 所示。

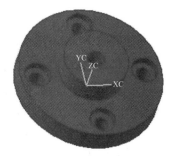

图 3-48 孔系加工造型图

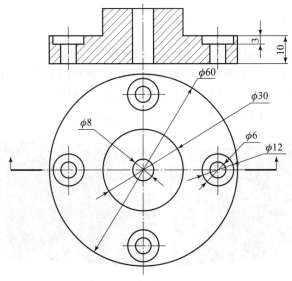

图3-49 孔系加工工程图

(二) 生产纲领

加工2件。

三、工作化学习内容

(一) 孔系CAM加工坐标系的设置

首先从UGNX6.0中打开模具零件造型图,然后通过【开始】→【加工】进入CAM模块。进入加工环境,选择【drill】模式,即为孔系加工模式(图3-50),与前面一样,首先也要设置加工坐标系,选择左边菜单栏的【操作导航器】中的【几何视图】模式,双击【MCS_MILL】,则出现如图3-51所示的设置机床坐标系菜单。在【机床坐标系】中单击【指定MCS】,在右侧造型零件中调整好工件坐标系,可以通过在 X、Y、Z 中输入坐标值调整,也可以直接点住坐标系原点拖动(图3-52)。然后在出现的【CSYC】菜单中单击【确定】按钮,返回上一级菜单。

坐标系设定好了以后,还需要设定安全距离,在【安全设置选项】中设置为【平面】,在【指定平面】中选择工件的上表面,【偏置】值设定为5.0 mm。

这样便完成坐标系的设定。

(二) 孔系CAM加工刀具参数的设置

在上侧菜单栏中单击【创建刀具】,在钻孔【刀具子类型】中选择第二项点钻钻头,然后刀具名称改为D6,以做好标识(图3-53)。修改刀具参数,分

图3-50 孔系加工模式

别修改刀具直径为6 mm,顶尖角度为118°,刀具号和长度补偿号都为1号(图3-54),单击【确定】按钮后再添加第二把刀具;在【刀具子类型】中选择第三项普通钻头,分

项目三　模具零件的 CAM 加工

图 3-51　指定 MCS　　　　　　　　图 3-52　调整工件坐标系

 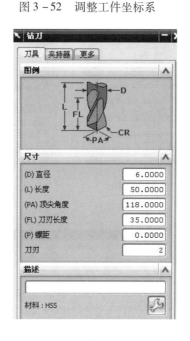

图 3-53　创建刀具　　　　　　　　图 3-54　修改刀具参数

别设置刀具直径为 6 mm，顶尖角度为 118°，刀具号和长度补偿号都为 2 号，单击【确定】按钮定后添加第三把刀具；在【刀具子类型】中选择第五项铰刀，分别设置直径为 8 mm，刀具长度为 50 mm，刀刃长度 35 mm，刀具号和长度补偿号分别为 3 号，单击【确定】按钮后添加第四把刀具；在【刀具子类型】中选择第六项扩孔钻，用于加工沉头孔，分别设置刀具直径为 12 mm，刀具长度为 50 mm，刀刃长度为 35 mm，刀具号和长度补偿号分别为 4 号。

至此所有刀具参数便已设定好。

（三）孔系 CAM 加工方法的设置

在上侧工具栏中单击【创建操作】，在【操作子类型】中选择第二项点钻操作，选择对应的刀具（点钻钻头），相应的几何体等（图3-55），单击【确定】按钮后在生成的【点钻】菜单中单击【指定孔】（图3-56），在生成的【点到点几何体】菜单中单击【选择】（图3-57），接下来在右边的造型零件中一次选择所要加工的孔的位置（图3-58）。

图3-55 创建操作

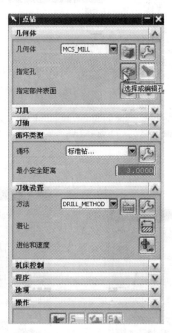
图3-56 【点钻】菜单

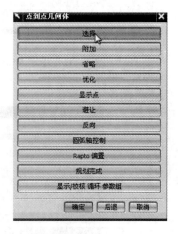
图3-57 【点到点几何体】菜单

图3-58 选择所要加工的孔的位置

等所有点都选择完毕以后单击【确定】按钮，便返回上一级菜单，这时虽然要加工的孔已经选择好，但是有时由于要加工的孔比较多，这些孔的加工顺序却没有编排好，可作如下处理：在【点到点几何体】菜单中单击【优化】（图 3-59），选择【Shortest Path】（图 3-60）；再单击【优化】（图 3-61）；这时在右边造型图中可以看到每个孔中都有数字显示，这便是按最短路径的顺序来加工孔；然后在左边的菜单单击【接受】按钮（图 3-62）。

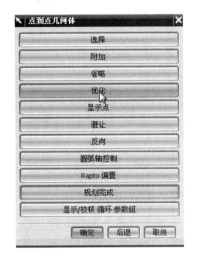

图 3-59 优化刀具路径

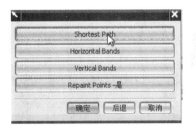

图 3-60 选择【Shortest Path】

图 3-61 确定优化

图 3-62 接受优化

进入【进给和速度】菜单设置，在【主轴速度】中设置为 800 rpm，【进给率】设置为 200 mmpm（图 3-63），然后单击【确定】按钮后返回上一级菜单，在【操作】中单击【生成】按钮（图 3-64），完成点钻的操作设置。

使用点钻（中心钻）加工出中心孔以后便要开始钻削加工了，在【创建操作】的【操作子类型】中选择第三项钻削加工（图 3-65），然后与刚才点钻设置方法一样，分别进行【指定孔】（图 3-66）和【进给和速度】的参数设置。

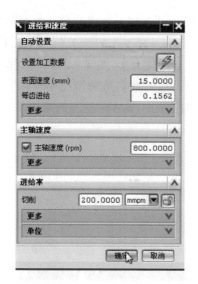
图3-63 进给和速度

图3-64 生成点钻刀具轨迹

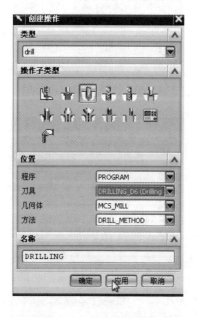
图3-65 创建点钻操作

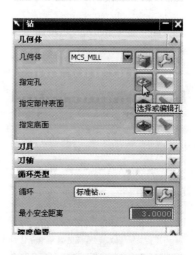
图3-66 指定孔操作

在接下来，以同样的方法进行铰孔和沉头孔加工的参数设置，在这里就不再重复了，以图3-67~图3-69所示为参照进行设置。

至此，点钻、钻孔、铰孔、扩孔均已设置好，可以在【操作导航器】中全部选中四种操作方法，按照前面型腔加工的方法进行【生成】、【动态模拟】，就可以观察到整个孔系加工的过程（图3-70）。

项目三 模具零件的 CAM 加工 183

图 3-67 铰孔加工操作创建

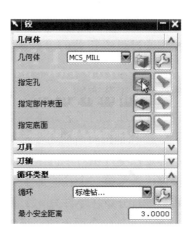

图 3-68 指定铰孔位置

图 3-69 指定沉头孔加工位置

图 3-70 在操作导航器中观察操作

四、相关的理论知识

(一) 数控铣加工中心的孔加工

能够完成钻孔加工的设备有很多种,比较常见的是专用钻孔机床、数控铣床、数控车床、数控镗床、数控车铣复合加工中心等。对于复杂零件的钻孔加工，通常情况下使用多坐标数控铣削加工中心来完成加工。

（1）钻中心孔加工（SPOT_DRILLING）。钻中心孔加工是钻孔加工的第一个加工操作，此加工操作可以保证后续的钻深孔加工钻头钻削加工时不发生偏心。

（2）啄式钻孔加工（PEAK_DRILLING）。啄式钻孔加工是钻深孔加工的一个加工操作，此加工操作通过设置相关的参数来实现多次钻入工件内部，有效地排出切屑和切削热。

（二）孔系加工工艺方案

总的来说，孔系加工的工艺方案主要有以下几种：

（1）对每一个孔都按所有的工步进行彻底加工，以使其达到所要求的精度等级和形状。所有工步都是在零件相对于机床主轴的一次定位时完成的。在完成一个孔的彻底加工后，零件移位，进行第二个孔的加工。在完成了分布在零件一个面上的所有孔的加工后，零件旋转，进行分布在零件另一个面上的孔的加工。

（2）对分布在零件一个面上的一组相同孔，用一把刀具进行依次加工。当用一把刀具把这组孔全部加工完后，更换刀具，对该组孔中的所有孔进行第二工步的加工，然后进行第三工步加工，直到该组孔中的所有孔完成了所有工步的加工为止。接着对第二组相同的孔依次进行类似加工，然后对第三组孔进行加工，直到完成分布在零件一个面上的所有孔的加工为止。最后，零件旋转进行分布在另一个面上的孔的类似加工。

（3）用一把刀具，依次对分布在部件不同面上的相同孔进行加工。首先用一把刀具加工分布在一个面上属于该组的所有孔，然后旋转工作台，用同样的刀具加工分布在另一个面上属于改组孔的所有孔。当对分布在零件所有面上的相同孔完成第一工步的加工后，更换刀具，重复整个循环，完成第二工步的加工；然后再更换刀具，重复整个循环，完成第三工步的加工……当完成第一组相同孔的加工后，按类似次序加工第二组所有孔，然后加工第三组所有孔……

（4）用一把刀具，对分布在一个面上的一组相同孔，依次进行第一工步的加工，然后，用另一把刀具，对分布在同一个面上的第二组相同孔依次进行第一工步的加工，直到对分布在该面上的孔组都完成了第一工步的加工后，依同样顺序对孔进行第二工步加工、第三工步加工……在完成了分布在该面上的所有孔的所有工步加工后，工作台旋转，对分布在另一个面上的孔，进行类似加工。

（5）用一把刀具，对分布在零件不同面上的相同孔，依次进行第一工步的加工，然后，用另一把刀具，对分布在零件所有不同面上的第二组相同孔，依次进行第一工步的加工。当对零件的所有孔组都完成了第一工步的加工后，依同样的顺序，对所有孔组进行第二工步的加工，然后进行第三工步的加工……直到在该加工中心机床上，彻底完成孔的加工为止。

（6）使用数控镗孔车端面刀架，对每一个孔进行所有工步的加工，从而达到所要求的精度等级和形状。所有的工步都是在零件相对于机床主轴一次定位时完成的。在完成了一个孔的彻底加工后，零件移位，进行第二个孔的加工。在完成了分布在零件一个面上所有孔的加工后，零件旋转，对分布在零件另一个面上的孔进行加工。

上述的孔系加工工艺路线方案只是所有可能的方案及它们组合中的大部分，且特别适合用于在箱体类零件中加工孔系。上述孔系加工工艺路线方案的区别只在于换刀次数、切削用量改变次数、工作台旋转次数、坐标组数、程序更换的顺序和特点以及程序的复杂性等。孔系加工工艺路线的改变使得机床各个元件和机构的接通与动作的次数也发生了改变，这对生产率、工作的精度和可靠性都会产生影响。

（三）孔系 CAM 加工工艺路线的优化

在 CAD/CAM 集成系统中，数控加工的工艺设计决定了实际生产加工的质量和效率。而加工时刀具走刀路径的规划对工艺程序的编写和数控代码的生成都有重要影响，进而实际影响零件的加工精度、表面粗糙度和加工速度。设计时，设计人员常常只考虑工艺路线的选择，而没有考虑或疏忽了刀具路径的最优化，这对数控加工的质量控制和效率提高都很不利。以孔加工为例，在同一平面上加工大量孔时，安排走刀路径遵循不同的原则，选择不同的走刀方式，数控加工的效果是很不一样的。如果在生成数控代码的过程中，对孔加工的点位进行优化，尽可能缩短走刀路径，减少空行程的时间，就能提高加工效率。因此，数控加工时如何通过设计数控工艺，选择合理的加工路径，降低对加工质量的不好影响，进而提高生产效率是值得研究的。

孔加工路径优化分为同类孔加工的路径优化和不同类孔混合加工的路径优化。同类孔加工，在一个工序中加工的各个孔的尺寸、加工方法都一样，这时候的路径优化就成为简单的点位优化；不同类孔加工，一个工序加工的各个孔尺寸、加工方法不一样，这时候路径优化就不仅仅是点位优化，还有孔的工序优化，目的是一次换刀可以加工更多的孔。

五、思考与练习

1. 在模具零件中加工孔系所使用的刀具较之前所使用的刀具有什么不同？
2. 在 CAM 软件中，加工孔系有多种加工方法，分别用于什么情况下？
3. 如何对孔系加工设置粗加工和精加工？
4. 对图 3-71 所示模型进行 CAM 加工的参数化设置。

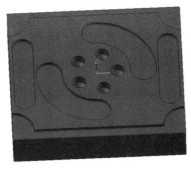
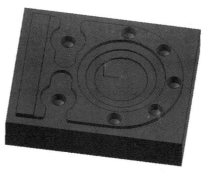

图 3-71 题 4 图

模块 4　模具零件 CAM 加工的后置处理

一、教学目标

1. 会使用 CAM 软件进行零件的后置处理并生成加工程序。

二、工作任务

(一) 零件图纸

CAM 加工后处理零件造型图和工程图分别如图 3-72 和图 3-73 所示。

图 3-72　CAM 加工后处理零件造型图

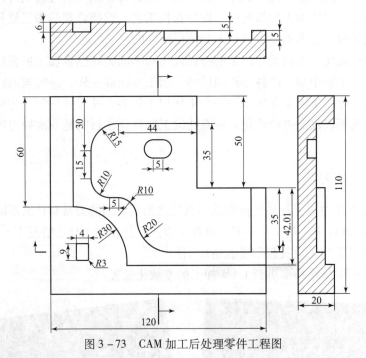

图 3-73　CAM 加工后处理零件工程图

(二) 生产纲领

加工 2 件。

三、工作化学习内容

(一) 后处理构造器的设置

从【开始】→【所有程序】→【UGS NX6.0】→【加工工具】中打开【后处理构

造器】(图 3-74),新建一个后处理文件,然后在出现的新建后处理文件中设置文件名【Post Name】为自定义所设定的文件名。输出单位应设定为毫米(millimeters),默认加工方法为铣削,然后单击【OK】按钮(图 3-75)。然后如图 3-76 所示,根据所使用的机床的不同进行参数设置。最后保存文件,即可完成后处理构造器的编辑设置(图 3-77)。

(二)在软件中生成程序

返回到 UGNX6.0 中,在上侧工具栏中选择【后处理】(图 3-78),通过浏览选择编辑好的后处理文件(图 3-79),然后单击【确定】按钮(图 3-80),即可生成程序(图 3-81)。同时,在选择好后处理文件后,可以设定文件输出的路径,这样在单击【确定】按钮后,可以在该路径下看到一个后缀名为 .ptp 的文件,用记事本打开这个文件即可以看到由软件自动生成的程序。

图 3-74 打开【后处理构造器】

图 3-75 设置基本参数

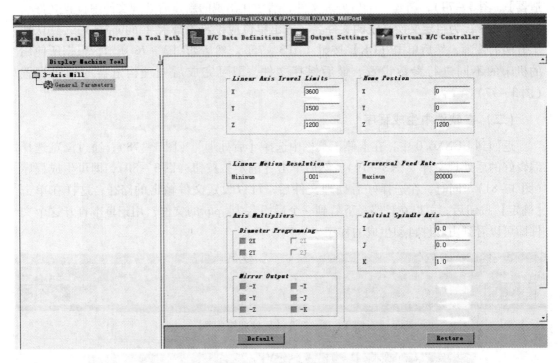

图 3-76 机床参数设置

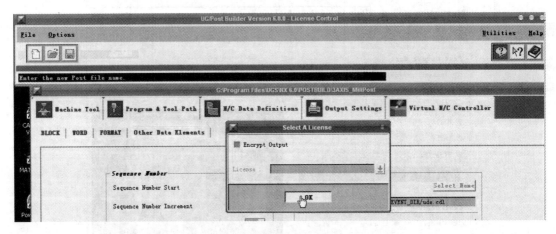

图 3-77 保存文件

图 3-78 选择后处理操作

项目三 模具零件的 CAM 加工 | 189

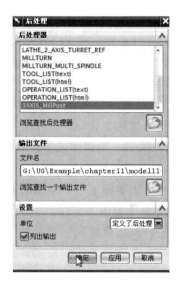
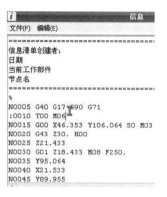

图 3-79 浏览选择后处理文件　　图 3-80 确定后处理程序　　图 3-81 生成程序

四、相关的理论知识

(一) I/O 通信

1. I/O 通信优点

(FANUC-OMC) 机床可与微机相连，利用标准 RS232 接口进行通信，将程序在数控系统与微机之间可以相互传递。因此，可以将编好的程序通过微机送入机床，避免在操作面板上输入程序。另外，由于本系统内存较小，只有 16 383 B，故无法加工大程序。采用计算机直接数控 (Distributed Numerical Control, DNC) 就弥补了其不足。

2. DNC 通信技术

1) 操作前注意事项

机床通信前要仔细检查智能终端设备、交换机、电脑等设备的电源、网线、串口的连接是否完好。

串口的插拔要关闭机床和智能终端的电源，否则会烧坏机床设备（主板）和智能终端。网线的插拔要关闭智能终端电源。

机床在通信时，要保证机床已处于开机状态。如果机床不是采用在线加工方式，则要保证机床拥有足够的存储空间。

2) 操作方法

(1) 机床端请求服务器发送代码文件。

原理：将机床作为终端设备，当机床想要从服务器端获取某个文件时，需要机床向服务器发送一个请求指令，系统将自动从该机床对应的计算机路径下找到该文件，并将其设置为待发送状态；当机床处于接收状态后，该文件发给机床，即可得到索要获取的代码。

操作：首先，机床的操作人员在机床上编辑了一个请求的 G 代码：Q2 文件名 V；然后，输出。

注意：所申请的文件首先被保存在通信端设置的工作路径下。

（2）机床端请求服务器发送文件列表。

原理：将机床作为终端设备，当机床想要从服务器端获取本机床工作路径下的文件列表时，需要机床向服务器发送一个请求指令，系统将自动从该机床对应的计算机路径下整理好列表，并将其处于待发状态，当机床处于接收状态后，发给机床，即可得到索要获取的代码。

操作：机床的操作人员在机床上编辑了一个请求的 G 代码：Q3 V；然后输出。

（3）机床端请求服务器接受机床发送的文件。

原理：将机床作为终端设备，当机床要向服务器端发送某个文件时，需要机床向服务器发送一个请求指令，系统将自动在该机床对应的计算机路径下建立一个文件，并将其处于待接收状态，然后机床再发送一具体程序，即可在服务器上储存。

操作：机床的操作人员在机床上编辑了一个请求的 G 代码：Q4 文件名 V；然后输出。找出要发送的程序；然后输出。

FANUC 机床程序输出步骤：机床保持在程序编辑状态，程序钥匙也应拨到程序写状态（取消程序写保护）；在面板上按下 PROG 键后，进入操作界面；按扩展键，进入机床的程序 read punch 界面；输入需要传出的程序名（如 O123）；按下 punch 下按键，再按【EXEC】启动传输，机床开始传出程序。

程序输入步骤：机床保持在程序编辑状态，程序钥匙也应拨到程序写状态（取消程序写保护）；在面板上按下 PROG 键后，进入操作界面，按扩展键，进入机床的程序 read punch 界面；输入需要接受的程序名（如 O123）；按下 read 下按键，再按【EXEC】启动传输，机床开始传入程序。

（二）后处理基本知识

数控加工技术正在逐步取代传统的机械加工技术，在制造行业中，数控加工所占有的比重越来越大。对于加工复杂的结构零件。必须采用 3～5 坐标数控加工设备才能完成零件的加工，加工中所使用的数控加工程序绝大多数由 CAD/CAM 软件自动生成。但这也存在一个问题，CAM 软件生成的只是控制刀具运动的刀位文件，必须经过后置处形成可用于加工的数控程序才能进行加工。数控加工程序的后置处理是数控加工中的一个重要环节。

利用 CAM 模块生成的刀位轨迹文件（CLS 文件）必须通过后置处理建立可以用于数控机床加工的 G 指令文件后才能用于实际的生产加工，UG NX 系统中提供的强大的后处理构造器工具 UG/Post Builder，可以快速建立后置处理程序。同时，UG NX 系统提供了完整的集成仿真校验功能，既包括了刀位轨迹仿真校验，又包括了 G 代码仿真校验。在仿真校验中可以包括整个工艺系统、整个机床系统、夹具系统和工件几何等。通过建立数控加工虚拟仿真系统，在零件正式加工之前模拟整个加工过程，进行加工过程干涉检查，避免了试切加工过程。

1. 后置处理的定义

把 CAD/CAM 软件生成的刀位信息转换成加工源程序的过程称为后置处理。刀位信息必须经过后置处理转换成数控机床各轴的动作信息后，才能驱动数控机床加工出设计的零件。由于机床结构和数控系统的不同，对后置处理的要求也不同，所以后置处理器通常都是对各自的机床编写的，但也可以编制通用的数控加工后置处理程序。

后置处理程序的功能主要是将刀具加工轨迹信息与数控系统可以控制的信息进行转换，把刀具加工轨迹文件转换成数控加工程序。后置处理程序完成的主要任务如下：

（1）刀位文件解释。
（2）表达式处理及基本函数调用功能。
（3）控制加工过程的多轴间的速度分配。
（4）输出格式控制。

2. 后置处理程序的现实形式

零件加工的刀具轨迹文件产生以后，其计算结果是不能直接在数控机床上使用的，这是因为数控机床中的控制系统只能识别数控指令，如 G 代码、M 代码等。为了得到能够驱动数控机床工作的 NC 指令，必须将刀位文件转换成特定的数控指令，即进行后置处理。

后置处理系统分为专用后置处理系统和通用后置处理系统。专用后置处理系统一般是针对专用数控编程系统和特定数控机床开发的专用后置处理程序，通常直接读取刀位文件中的刀位数据，根据特定的数控机床指令集及代码格式将其转换成数控程序输出。这类后置处理系统在一些专用数控程序中比较常见，这是因为其刀位文件格式简单，机床特性一般直接编入后置处理程序中。通用后置处理系统一般需要在软件中对相应的数控系统进行配置。数控机床配置不同控制系统的不同机床，对 NC 程序的格式要求不一样，因此在进行后置处理前，必须根据机床手册配置这些信息。程序根据配置文件对刀位文件进行处理，生成数控加工程序。

刀位文件是后置处理程序的入口，在刀位文件中包含了一个零件源程序经过计算与处理后形成的一系列完整的记录，它主要包含以下部分：

（1）刀位：刀位点与轴向。
（2）后置信息：主轴、冷却、进给速度等。
（3）多轴开关：指出 3 坐标或多坐标状态。
（4）程序完：程序结束标志。

程序读入加工需要的刀位信息，通过程序中的分析模块进行分析判断，并根据后置处理配置文件中的配置数据完成对刀位文件的处理，生成最终要求的数控加工程序。

五、思考与练习

1. 在与机床的 I/O 通信中，可以通过哪些方式实现？
2. 在设置后处理构造器中，有哪些方面是需要注意的？

3. 对图 3-82 所示加工零件进行后置处理并生成加工程序。

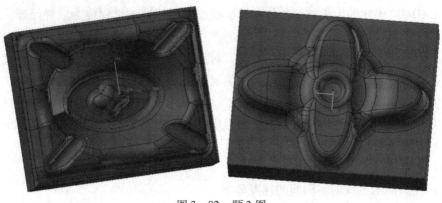

图 3-82　题 3 图

项目四
模具零件的线切割加工

教学目标

- 了解电火花线切割的加工原理及组成。
- 会制定典型模具零件的电火花线切割加工工艺。
- 会正确装夹找正工件。
- 会确定合理的电火花线切割参数。
- 会确定合理的切割方向及进给路线。
- 会熟练采用3B、ISO格式编程。

工作任务

- 完成模块1、模块2中典型模具零件的电火花线切割加工工艺编制及程序编制。

模块 1　典型模具零件的内轮廓加工
——凹模零件加工

一、教学目标

1. 了解电火花线切割加工原理及分类和组成。
2. 会制定凹模零件电火花线切割加工工艺。
3. 会确定凹模零件的装夹方案。
4. 会确定凹模零件加工的合理电火花线切割参数。
5. 会确定凹模零件的合理切割方向及进给路线。
6. 会用熟练采用 ISO 格式编制凹模零件程序。

二、工作任务

如图 4-1 所示落料模凹模，取电极丝的直径为 $\phi0.12$ mm，单边放电间隙为 0.01 mm，编制凹模的加工程序。

三、工作化学习内容

（一）编制凹模零件的线切割工工艺

1. 分析零件工艺性能

该零件是落料模凹模，在落料中制件的尺寸由凹模决定，模具配合间隙在凸模上缩放，故凹模的间隙补偿量为 $R = r_s + \delta_d = 0.12/2 + 0.01 = 0.07$（mm），即要求间隙补偿中的补偿量为 0.07 mm。

2. 选用毛坯或明确来料状况

材料 CrWMn 进过淬火与回火等热处理，达到其硬度要求。再把上、下平面和一对侧面经平面磨削，达到较高的平行度和较低的表面粗糙度。切割前还应将毛坯进行退磁处理，并除去毛刺和杂物。

3. 选用机床

选用快走丝 DK7750 型机床。

其中　D——类别代号（代表电加工机床）；

　　　K——特性代号（代表数控）；

　　　7——组别代号（电火花加工机床）；

　　　7——型别代号（线切割机床）；

　　　50——基本参数代号（表示工作台横向行程为 500 mm）。

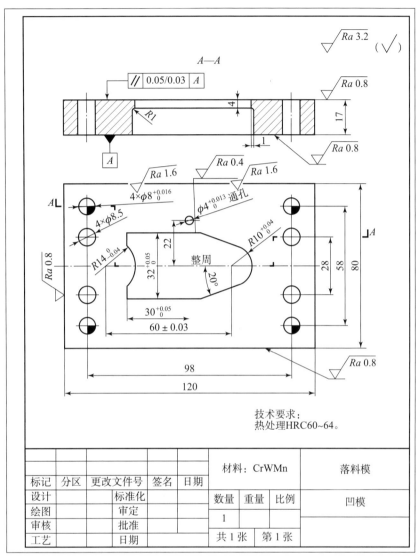

图 4-1 落料模凹模

4. 确定装夹方案

采用两端支撑方式来装夹。

5. 确定加工方案及加工顺序

用 CAD 工具绘制，以 O 为坐标原点建立坐标系，如图 4-2 所示，然后用 CAD 查询（或计算）凹模刃口轮廓节点和圆心的坐标值，列于表 4-1 中待用。

穿丝孔设在 O 点，按 $O \rightarrow A \rightarrow B \rightarrow C \rightarrow D \rightarrow E \rightarrow F \rightarrow G \rightarrow H \rightarrow A \rightarrow O$ 顺序加工。

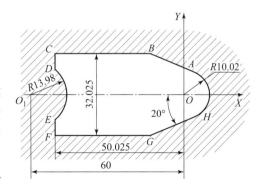

图 4-2 落料模凹模刃口轮廓图

模具数控加工技术

表4-1 落料模凹模刃口轮廓节点和圆心坐标值

节点和圆心	X	Y	节点和圆心	X	Y
O	0	0	D	-50.025	9.7949
O_1	-60	0	E	-50.025	-9.7949
A	3.4270	9.4157	F	-50.025	-16.0125
B	-14.6976	16.0125	G	-14.6976	-16.0125
C	-50.025	16.0125	H	3.4270	-9.4157

6. 选择合理的电火花线切割参数

脉冲宽度（μs）：4；

电流峰值（A）：3；

脉冲间隔（μs）：14；

空载电压（V）：80。

（二）编制凸模零件的线切割加工程序

凸模零件的线切割加工主程序如表4-2所示。

表4-2 凸模零件的线切割加工主程序

主程序	注释
O0003	程序名；
N010 G90 G92 X0 Y0；	采用绝对坐标，起点为$X=0$，$Y=0$，即O点；
N020 G41 D70；	左偏间隙补偿，偏移量0.07 mm；
N030 G01 X3427 Y9416；	直线切割从O点至A点；
N040 G01 X-14697 Y16012；	斜线切割从A点至B点；
N050 G01 X-50025 Y16012；	直线切割从B点至C点；
N060 G01 X-50025 Y9795；	直线切割从C点至D点；
N070 G02 X-50025 Y-9795 I-9975 J-9795；	顺圆弧切割从D点至E点；
N080 G01 X-50025 Y-16013；	直线切割从E点至F点；
N090 G01 X-14697 Y-16013；	直线切割从F点至G点；
N100 G01 X3427 Y-9416；	斜线切割从G点至H点；
N110 G03 X3427 Y9416 I-3427 J9416；	逆圆弧切割从H点至A点；
N120 G40；	取消间隙补偿；
N130 G01 X0 Y0；	回到起点，$X=0$，$Y=0$，即O点；
N140 M02；	程序结束。

四、相关的理论知识

(一) 电火花线切割机床结构

1. 电火花线切割的加工原理

电火花线切割加工是比较常用的特种加工方法之一,电火花加工又称放电加工,它是在加工过程中利用工具电极和工件之间脉冲放电时的腐蚀现象,使金属熔化或汽化,从而实现对各种开关金属零件的加工。因在放电过程中可见到火花,故称之为电火花加工,图4-3所示为电火花线切割机床的加工原理。

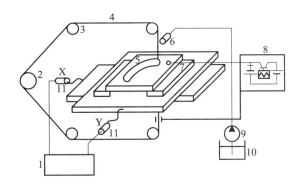

图4-3 电火花线切割机床的加工原理
1—数控装置;2—储丝筒;3—导轮;4—电极丝;5—工件;6—喷嘴;7—绝缘板;
8—脉冲发生器;9—液压泵;10—水箱;11—控制步进电动机

在线切割加工时是用电极丝作为工具电极来代替电火花加工中的成形电极,电极丝接脉冲电源的负极,工件接脉冲电源的正极,脉冲电源发出一连串的脉冲电压,加到工件和工具电极上。电极丝与工件之间施加足够的具有一定绝缘性能的工作液,当电极丝与工件的距离小到一定程度时,大约是0.01 mm,在脉冲电压的作用下,工作液被击穿,在电极丝与工件之间形成瞬间放电通道,产生瞬时高温,其温度可高达10 000 ℃,高温使工件局部熔化甚至汽化而被蚀除下来。工件安装于工作台上,由微型计算机控制工作台带动工件不断进给,便能将一定形状的工件切割加工出来。

2. 电火花线切割的加工特点

(1) 采用电火花线切割加工,无须制作相应的成型工具电极,只是采用一根细的金属丝作工具电极,从而大大降低了制造工具电极的时间,节约了贵重的有色金属材料。

(2) 线切割加工时,由于电极丝的连续移动,不断地补充和替换新的电极丝,减轻了电蚀损耗对加工精度的影响。

(3) 利用线切割可以加工出精密、细小、形状复杂的工件。

(4) 线切割加工零件的精度为0.01~0.05 mm或-0.05~-0.01 mm,表面粗糙度为Ra1.6~0.4。

(5) 一般不要求对被加工工件进行预加工,只需在工件上加工出穿丝孔。

3. 电火花线切割加工的应用范围

（1）金属模具加工：包括冲模、粉末冶金模、压铸模、塑料模、挤压模的加工等。

（2）电火花成型加工用的电极加工：包括形状复杂的电极加工、带锥度电极加工等。

（3）制品及零件加工：包括金属零件的加工、小批量金属零件加工、特殊金属材料的零件加工等。

（4）刀具与量具加工：包括各种卡板量具的加工、成型车刀加工等。

4. 电火花线切割机床分类

通常按电极丝的运行速度快慢来分类，线切割机床可分为快走丝线切割机床和慢走丝线切割机床。快走丝线切割机床具有结构简单、操作方便、维护性好、加工费用低、性价比高等特点；慢走丝线切割机床采用一次性电极丝，可多次切割，有利于提高加工精度和表面粗糙度，属于精密加工设备。两种机床的主要区别如表4-3所示。

表4-3 快走丝与慢丝线切割机床对比

机床 项目	快走丝线切割机床	慢走丝线切割机床
走丝速度/（m·s^{-1}）	6~12	0.2左右
电极丝材料	钼、铜钨合金、钼钨合金	黄铜、镀锌材料
电极丝直径/mm	0.04~0.25，常用值0.12~0.2	0.003~0.3，常用值0.2
工作液	乳化液	去离子水（蒸馏水）、纯净水
加工精度/mm	±0.01	±0.005
加工成本	较低	较高
导丝方式	导轮	导向器
穿丝方式	手工	手工或自动
切割次数	通常1次	多次
表面粗糙度 Ra/μm	3.2~1.25	1.6~0.8

5. 电火花快走丝线切割机床的组成

数控电火花快走丝线切割机床由工作台、走丝机构、供液系统、脉冲电源和控制系统（控制柜）五大部分组成，如图4-4所示。

1）工作台

工作台又称切割台，由工作台面、中拖板和下拖板组成。工作台面用以安装夹具和被切割工件，中拖板和下拖板分别由步进电

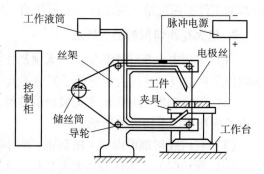

图4-4 电火花快走丝线切割机床的主要组成

机拖动，通过齿轮变速及滚珠丝杠传动，完成工作台面的纵向和横向运动。工作台面的纵、横向移动都可以手动或自动完成。

2）走丝机构

走丝机构主要由储丝筒、走丝电动机、丝架和导轮等部件组成。储丝筒安装在储丝筒拖板上，由走丝电动机通过联轴器带动，做正（反）旋转。储丝筒的旋转运动通过齿轮同时传给储丝筒拖板的丝杠，使拖板做往复运动。丝架分上丝架和下丝架，用来安装导轮，调节导轮的位置。钼丝安装在导轮和储丝筒上，开动走丝电动机，钼丝以一定的速度做往复运动，即走丝运动。如果上丝架带有十字拖板，则通过一对步进电机，可带动十字拖板，进而使导轮产生前后、左右的移动，与工作台拖板的运动有机配合，可加工出具有锥度的零件。

3）供液系统

供液系统为机床的切割加工提供足够、合适的工作液。线切割加工中应用的工作液种类很多，有煤油、乳化液、去离子水、蒸馏水、洗涤液、酒精等，应根据具体条件加以选用。工作液的主要作用有：①对放电通道的压缩作用；②对电极工件和加工屑的冷却作用；③对放电区的消电离作用；④对放电产物的清除作用。

4）脉冲电源

脉冲电源是产生脉冲电流的能源装置。电火花线切割脉冲电源是影响线切割加工工艺指标最关键的设备之一。为了满足切割加工条件和工艺指标，对脉冲电源有以下要求：①脉冲峰值电流要适当；②脉冲宽度要窄；③脉冲频率要尽量高；④有利于减少钼丝损耗；⑤参数调节方便，适应性强。

5）控制系统

机床的控制系统存放于控制柜中，对整个切割加工过程和切割轨迹进行数字程序控制。

（二）数控电火花线切割加工工艺

数控电火花线切割加工属于特种加工，为使工件达到图样的要求尺寸、公差以及位置精度和表面粗糙度，在确定加工工艺时，分析各种可能影响加工精度的工艺因素，从而制订出合理的加工工艺方案。

在模具制造中线切割加工通常是最后一道工序，因此模坯材料选择与加工前的准备工序十分重要。

模具工作零件一般采用锻件，其线切割加工常在淬火与回火后进行，由于受材料淬透性的影响，当大面积去除金属材料和切断加工时，会使材料内部残余应力的相对平衡状态遭到破坏，从而产生变形，影响加工精度，甚至在切割过程中造成材料突然开裂。为减少这种影响，在设计时除应选用锻造性能好、淬透性好及热处理变形小的合金工具钢（如 Cr12、Cr12Mov、CrWMn）作模具材料外，对模具毛坯锻造及热处理工艺也应正确进行。

模坯的准备工序是指凸模或凹模在线切割加工之前的全部加工工序。凹模的准备工序包括下料、铸造、退火、铣（车）表面、划线、加工型孔（穿丝孔）、螺孔、销孔

（穿丝孔）、淬火、磨平面、退磁。凸模的准备工序包括下料、铸造、退火、铣（车）表面、划线、穿丝孔（封闭切割）、淬火、磨平面、退磁。

对凹模类封闭形工件的加工，加工起点必须选在材料实体之内，这就需要在切割前预制工艺孔（穿丝孔）以便线切割穿丝用。对凸模类工件的加工，起点可以选在实体之外，这时就不必预制穿丝孔，但有时也有必要把起点选在实体之内而预制穿丝孔，这是因为坯件材料在切断时，会在很大程度上破坏材料内部应力的平衡状态，造成工件材料的变形，影响加工精度，严重时甚至会导致夹丝断丝，工件报废。

（三）工件的装夹与找正

1. 工件的装夹

电火花线切割应用于贯穿形状的切割加工，装夹工件要确保工件的切割部位是定于机床工件台行程的允许范围之内。一般以磨削加工过的面定位切割，装夹位置应便于找正，同时还应考虑切割时电极丝架的运动空间，避免加工中发生干涉。与切削类机床相比，对工件的夹紧力不需要太大，只要求工件平稳，不易动即可。

常见的装夹方式有以下几种：

1）悬臂支撑方式装夹

采用悬臂支撑方式装夹工件，装夹方便，通用性强，但由于工件一端悬伸，易出现切割表面与工件上下平面间的垂直度误差。一般应在加工要求不高或悬臂较短的情况下使用，如图4-5所示。

2）两端支撑方式装夹

采用两端支撑方式装夹工件，装夹方便、稳定、定位精度高，但工件长度要不大于台面的支撑最大间距，如图4-6所示。

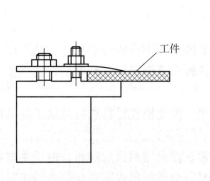

图4-5 悬臂支撑方式装夹

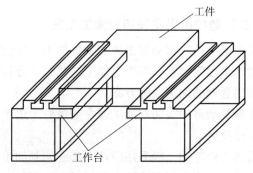

图4-6 两端支撑方式装夹

3）桥式支撑方式装夹

这种方式是在工作台面上放置两条平行等高垫铁，或等样斜度垫铁后，再装夹工件，装夹方便、灵活、通用性强，对大、中、小型，或形状具有一定角度的工件都适用，如图4-7所示。

4) 板式支撑方式装夹

这种方式是根据常规工件的形状和尺寸大小,制作的支撑板来装夹工件,装夹精度高,但通用性较差,如图4-8所示。

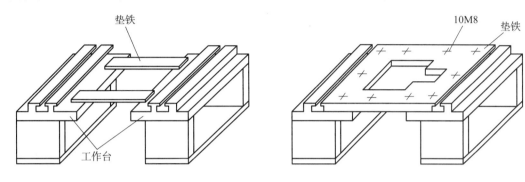

图4-7 桥式支撑方式装夹　　　　　图4-8 板式支撑方式装夹

此外还可使用V形铁、分度头等辅助夹具,对于度量加工工件,选用线切割专用夹具可大大缩短装夹与找正时间,提高生产效率。

2. 工件的找正

对于工件基面与切割形状有相对位置要求时,采用以上方式装夹工件,还必须配合找正进行调整。常用的找正方法有以下几种:

1) 百分表找正法

用磁力表架将百分表固定在丝架上,百分表测头与工件基面接触,往复移动工作台,按百分表指示值调整工件的位置,直至百分表指针的偏差范围达到所要求的数值(一般控制在0.01范围内),如图4-9所示。

2) 划线找正法

当工件基面与切割形状之间的相对位置精度要求不高时,可采用划线找正法,利用固定在丝架上的划针对准工件上段划的基准线,往复移动工作台,且测划针与基准线之间的偏离情况,直至将工件调整到正确位置,如图4-10所示。

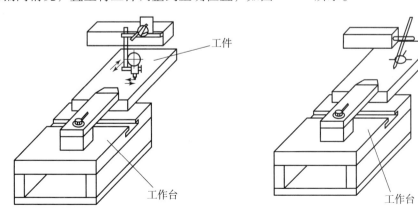

图4-9 百分表找正法　　　　　图4-10 划线找正法

3）电极丝找正法

当工件基面与切割形状之间的相对位置精度要求不高或只要保证切割出形状时，还可采用电极丝找正法，利用电极丝与工件基面产生一定的距离，同时往复移动工作台，目测电极丝与基面之间距离的变化情况，直至将工件调整到正确位置，如图 4-11 所示。

（四）电极丝校正

线切割加工前，电极丝必须找正，使得电极丝与工作台面确保垂直，从而工件放在工作台面上后，可保证加工平面与电极丝达到垂直要求。常用的找正方法有目测找正法、火花找正法、校正仪校正法。

1. 目测找正法

以标准夹或者直接以与工件加工面垂直的工件面为校正基准，通过移动机床的 X 轴或 Y 轴，使电

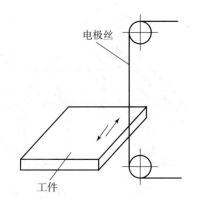

图 4-11　电极丝找正法

极丝与校正基准面接触，用目测电极丝与校正基准面之间的间隙情况来确定垂直。具体调整时，X 轴方向的垂直度通过移动 U 轴来调整，Y 轴方向的垂直度通过移动 V 轴来调整。该种方法在不放电、不走丝的情况下进行，同时对操作者的经验要求比较高。

2. 火花找正法

线切割火花校正电极丝垂直度是用简易工具（规则的六面体）或者直接以工件的工件面（或放置其上的夹具工作台）为校正基准。开启机床设电极丝空运行放电，通过移动机床 X 轴或 Y 轴，使电极丝与工件接触来碰火花，观察电极丝与工件表面的火花上下是否一致来确定是否垂直。具体调整时，X 轴方向的垂直度通过移动 U 轴来调整，Y 轴方向的垂直度通过移动 V 轴来调整。在该种方法调整过程中，要避免电极丝断丝；碰火花的放电量不用太大，否则会蚀伤工件表面。

3. 校正仪校正法

使用校正器对电极丝进行校正，应在不放电、不走丝的情况下进行。具体校正时要注意以下几点：

（1）擦干净校正器底面、测试面及工作台面，把校正器旋转于台面上，使测量头探出工件或工作台面。

（2）把校正器连线上的鳄鱼夹固定在导电块螺钉头上（或电极丝上）。

（3）通过移动工作台，使电极丝与校正器的测头进行接触，看指示灯，如果是 X 方向，只有一灯亮则要调整 U 轴，直到两指示灯同时都亮，说明电极丝 X 方向已校垂直；同样 Y 方向只有一灯亮则要调整 V 轴，直到两指示灯同时都亮，说明电极丝 Y 方向已校垂直。校正仪如图 4-12 所示。

(五) 电极丝的对刀

线切割加工对刀即将电极丝调整到切割的起始坐标位置上，其调整方法有以下几种：

1) 目测法

在确定电极丝与工件基面间相对位置时，可以直接利用目测来判断电极丝与基面的贴合情况，如图4-13所示。对于加工要求较低的工件，确定电极丝与工件基准间的相对位置时，也可以直接用目测来确定电极丝的位置。当确认电极丝和工件基准间接触或使电极丝中心与基准线重合后，记下电极丝中心的坐标值，再以此为依据计算出电极丝中心与加工起点之间的相对距离，将电极丝移到加工起点上。

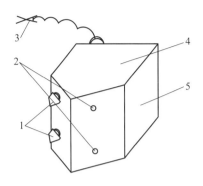

图4-12 校正仪
1—测量头（凸圆）；2—指示灯；
3—鳄鱼夹；4—上盖；5—支座

2) 火花法

火花法是利用电极丝与工件在一定间隙下产生火花放电，通过放电火花的均匀情况来确定电极丝的坐标位置，如图4-14所示。对刀时，启动高频电源，移动工作台使工件的基面逐渐靠近电极丝，在出现火花的瞬间并确保基面宽度方向的火花均匀时，记下电极丝中心的相应坐标值；再根据电极丝半径值和放电间隙，计算电极丝中心与加工起点之间的相对距离；最后将电极丝移到加工起点。此法简单易行，但往往因电极丝靠近基面时产生的放电间隙，与正常切割条件下的放电间隙不完全相同（电极丝的抖动）而产生误差。

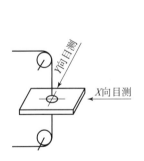

图4-13 目测法

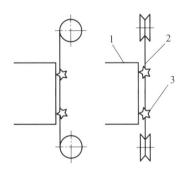

图4-14 火花法
1—工件；2—电极丝；3—火花

3) 接触感知法

感知法是利用电极丝与工件基准面由绝缘到短路的瞬间，两者间电阻值突然变化的特点来确定电极丝接触到了工件，并在接触点自动停下来，显示该点的坐标，即为电极丝中心的坐标值。目前装有计算机数控系统的线切割机床都具有接触感知功能，用于电极丝定位最为方便。如图4-15所示，首先启动 X（或 Y）坐标，再用同样的方法得到

加工起点的 Y（或 X）坐标，最后将电极丝移动到加工起点 (X_o, Y_o)。

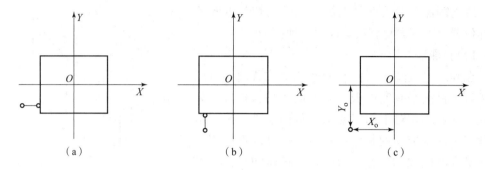

图 4-15 接触感知法（一）
(a) X 方向接触感知记下 X 坐标；(b) Y 方向接触感知记下 Y 坐标；(c) 计算后移动到加工起点

此外，利用接触感知原理还可实现自动找孔中心，即让电极丝去接触感知孔的四个方向，自动计算出孔的中心坐标，并移动到工件孔的中心。工件内孔可为圆孔或对称孔，如图 4-16 所示。启用此功能后，机床自动横向（X 轴）移动工作台使电极丝与孔壁一侧接触，此时当前点 X 坐标为 X_2，然后系统自动计算 X 方向中点坐标，并使电极丝到达 X 方向中点位置 X_o，接着在 Y 轴方向进行上述过程，最终使电极丝定位在孔中心坐标 $(X_o [X_o = (X_1 + X_2)/2], Y_o [Y_o = (Y_1 + Y_2)/2])$ 处。

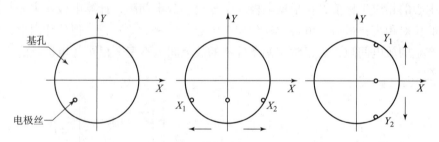

图 4-16 接触感知法（二）

在使用接触感知法或自动找孔中心对刀时，为减小误差，特别要注意以下几点：
(1) 使用前要校直电极丝，保证电极丝与工件基准面或内孔母线平行。
(2) 保证工件基准面或内孔壁无毛刺、脏物，接触面最好经过精加工处理。
(3) 保证电极丝上无脏物，导轮、导电块要清洗干净。
(4) 保证电极丝要有足够张力，不能太松，并检查导轮有无松动，等等。
(5) 为提高定位精度，可重复进行几次对刀后取平均值。

（六）切割路线的分析

1. 电火花线切割加工的注意点

电火花线切割加工，选择切割路线应尽量保持工作或毛坯的结构刚性，以免工件强度下降或材料内部应力的释放而引起变形，具体应注意以下几点：
(1) 切割凸模类工件应尽量避免从工件端面由外向里进刀，最好从坯件预制的穿丝孔处开始加工，如图 4-17 所示。

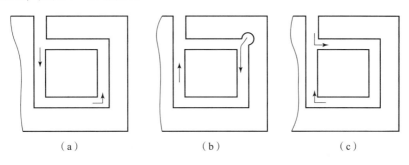

图 4-17　线切割路线选择注意点（一）
(a) 不正确；(b) 好；(c) 不好

（2）切割路线应向远离工件夹具的方向进行，即将工件与其装夹部位分离面部分安排在切割路线的末端。如图 4-18（a）所示，若以 $O-A-D-C-B-A-O$ 路线切割，则加工至 D 点处工件的刚度就降低了，容易产生变形而影响加工精度；若以 $O-A-B-C-D-A-O$ 为加工路线，则整个加工过程中工件的刚度保持较好，工件变形小，加工精度高。图 4-18（b）中由于是从 B 点引入，则无法顺切割，工件变形较大，加工精度也低。

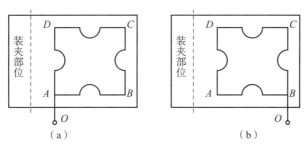

图 4-18　线切割路线选择注意点（二）
(a) 从 A 点引入；(b) 从 B 点引入

（3）在一块工件上要切割出两个或两个以上零件时，为减小变形，从不同穿孔丝孔开始加工，如图 4-19 所示。

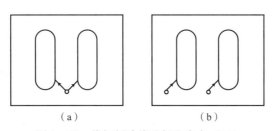

图 4-19　线切割路线选择注意点（三）
(a) 从同一个穿丝孔切割；(b) 从不同穿丝孔切割

（4）加工轨迹与工件边缘距离应大于 5 mm，如图 4-20 所示，以防止工件的结构强度而造成变形。

（5）避免在工件端面切割，或切割余量太小的切割（一般余量不小于 2 倍的电极丝直径，主要针对快走丝切割），这样放电时，电极丝单向受电火花冲击力，使电极丝运行不稳定，容易产生抖动，因此难以保证尺寸和表面精度。

2. 穿丝孔位的确定

穿孔机是电极丝切割工件的起点，同时也是程序执行的起点。

（1）穿丝孔应选在容易找正，并在加工过程中便于检查的位置。

（2）切割凹模等零件的内表面时，一般穿丝孔位置也是加工基准，其位置还必须考虑运算和编程的方便，通常设置在工件对称中心较为方便，较便切入，还适用于加工大型工件，此时为切入行程，穿丝孔应旋转在靠近加工轨迹的已知标点上（切入点），如图 4-21 所示。

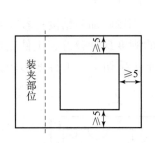

图 4-20　线切割路线选择注意点（四）

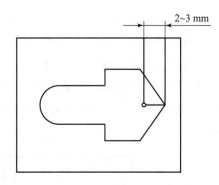

图 4-21　穿丝孔位置设置

（3）在加工大型工件时，还应沿加工轨迹设置多个穿丝孔，以便发生断丝时，能就近重新穿丝，再切入断丝点。

（4）在切割凸模需要设置穿丝孔时，其位置可选在加工轨迹的拐角附近，以简化编程。

3. 切入点位置的确定

由于线切割加工经常是封闭轮廓切割，所以切入点一般也是切出点。受加工过程中存在各种痕迹，使精度和外观质量下降的影响，为了避免或减少加工痕迹，切入点应按以下原则选定：

（1）被切割工件各表面的粗糙度要求相同时，则尽量在截面图形的相交点上选择起点。当图形上有若干个相交点时，尽量选择相交角较小的交点作为起点。当各相交角相同时，起点的优先选择顺序是：直线与直线的交点、直线与圆弧的交点、圆弧与圆弧的交点。

（2）对于工件各表面的粗糙度要求不同时，应在粗糙度要求较低的面上选择起点。

（3）对于工件各切割面既无技术要求的差异又没有形面交点的工件，切入点应尽量选择在便于钳工修复的位置上。例如，外轮廓的平面或半径大的弧面，要避免选择在凹入部的平面或圆弧上。

注： 起点在工件切入处应干净，尤其对热处理工件，切入处要去除积盐及氧化皮，以保证导电。

(七) 电火花线切割脉冲参数

电火花切割脉冲参数主要包括脉冲宽度、脉冲间隙、峰值电流等电参数。提高脉冲频率或增加单个脉冲的能量都能提高生产率,但工件加工面的粗糙度和电极丝损耗也随之增大。因此,应综合考虑各参数对加工的影响,合理地选择脉冲参数,在保证工件加工精度的前提下,提高生产率,降低加工成本。

1. 脉冲宽度

脉冲宽度是指脉冲电流的持续时间,与放电能量成正比。在其他加工条件相同的情况下,脉冲宽度越宽,切割速度就越大,此时加工较稳定,但放电间隙大,表面粗糙度大。相反,脉冲宽度越小,加工出的工件表面质量就越好,但切割效率就会下降。

2. 脉冲间隔

脉冲间隔是指脉冲电流的停歇时间,与放电能量成反比,其他条件不变,脉冲间隔变大,相当于降低了脉冲频率,增加了单位时间内的放电次数,使切割进度下降,但有利于排除电蚀物,提高加工的稳定性。当脉冲间隔减小到一定程度之后,电蚀物不能及时排除,放电间隙的绝缘强度来不及恢复,破坏了加工的稳定性,使切割效率下降。

3. 峰值电流

峰值电流是指放电电流的最大值。峰值电流对切割速度的影响也就是单个脉冲能量对加工进度的影响,它和脉冲宽度对切割速度和表面粗糙度的影响相似,但程度更大,放电电流过大,电极丝的损耗也随之增大,从而易造成断丝。

以上是这几个参数的基本选择方法,此外它还与工件材料、工件厚度、时给速度、走丝速度及加工环境等因素有着密切的关系,需在实际加工过程中参加操作,才能达到比较满意的效果。

(八) 补偿量的确定

由于线切割加工是一种非接触性加工,受电极丝与火花放电间隙的影响,如图 4-22 所示,实际切割后工件的尺寸与工件所要求的尺寸不一致。为此,编程时就要对原工件尺寸进行偏置,利用数控系统的线补偿功能,使电极丝实际运行的轨迹与原工件轮廓留移一定距离,如图 4-23 所示,这个距离即称为单边补偿量 F (或偏置量)。偏移的方向就电极丝的运动方向,分左偏和右偏两种,补偿量计算公式为

$$F = 1/2d + S$$

式中　d——电极丝直径,mm;

　　　S——单边放电间隙,通常取 0.01~0.02 mm。

若当加工工件要求留有加工余量时,补偿量的计算公式为

$$F = 1/2d + S + t$$

式中　t——工件的后续加工余量,mm。

另外,在进行要求有配合间隙的冲裁模加工时,通过调整不同的补偿量,可一次编程实现凸模、凹模固定板及卸料板等模具组件的加工,节省编程时间。

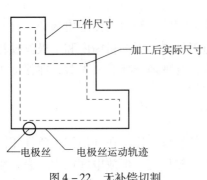
图 4-22　无补偿切割

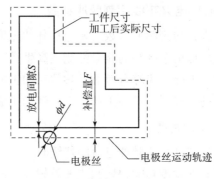
图 4-23　带补偿切割

（九）基本编程功能简介

以 ISO 格式为例进行介绍。

1. G00——快速点定位指令

线切割机床在没有脉冲放电的情况下，以点定位控制方式快速移动到指定位置。它只是确定点的位置，而无运动轨迹要求且不能加工工件。

指令格式：G00 X　Y；

如图 4-24 所示，从起点 A 快速移动到指定点 B，其程序为 G00 X45000 Y75000。

2. G01——直线插补指令

直线插补指令是直线运动指令，是最基本的一种插补指令，可使机床加工任意斜率的直线轮廓或用直线逼近的曲线轮廓。线切割机床一般有 X、Y、U、V 四轴联动功能，即四坐标。

指令格式：G01 X　Y　U　V；

如图 4-25 所示，从起点 A 直线插补移动到指定点 B，其程序为 G01 X16000 Y20000；U、V 坐标轴在加工锥度时使用。注意比较 G00 和 G01 的区别。

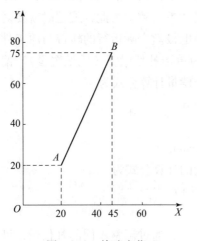
图 4-24　快速定位

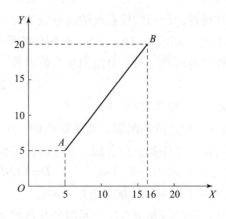
图 4-25　直线插补

3. G02、G03——圆弧插补指令

G02 为顺时针方向圆弧插补加工指令；G03 为逆时针方向圆弧插补加工指令。

指令格式：G02 X   Y   I   J；
　　　　　G03 X   Y   I   J；

格式中 X、Y——圆弧终点坐标；

　　　　I、J——圆心坐标和圆心相对圆弧起点的增量值。I 为 X 方向坐标值；J 为 Y 方向坐标值，其值不得省略。与正方向相同时，取正值；反之，取负值。

如图 4-26 所示，从起点 A 加工到指定点 B，再从点 B 加工到指定点 C，其程序为

…… N0110
G02 X15 Y10 I5 J0；
N0120 G03 X20 Y5 I5 J0；
……

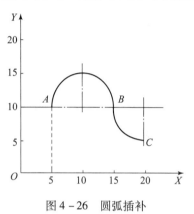

图 4-26 圆弧插补

4. G92——定起点指令

指定电极丝当前位置在编程坐标系中的坐标值，一般情况将此坐标作为加工程序的起点。

指令格式：G92   X   Y；

如图 4-2 落料模凹模刃口轮廓图，指定起点为 O，假使不考虑电极丝直径和放电间隙，加工路线为 O→A→B→C→D→E→F→G→H→A→O。

5. G05～G12——镜像、交换加工指令

模具零件上的图形有些是对称的，虽然也可以用前面介绍的基本指令编程，但很烦琐，不如用镜像、交换加工指令编程方便。镜像、交换加工指令单独成为一个程序段，在该程序段以下的程序段中，X、Y 坐标按照指定的关系式发生变化，直到出现取消镜像加工指令为止。

G05 为 X 轴镜像，关系式为：$X = -X$，如图 4-27 中的 AB 段曲线与 CB 段曲线。

G06 为 Y 轴镜像，关系式为：$Y = -Y$，如图 4-27 中的 AB 段曲线与 AD 段曲线。

G08 为 X 轴镜像，Y 轴镜像，关系式为：$X = -X$，$Y = -Y$，即 G08 = G05 + G06，如图 4-27 中的 AB 段曲线与 CD 段曲线。

G07 为 X 轴、Y 轴交换，关系式为：$X = Y$，$Y = X$，如图 4-28 所示。

G09 为 X 轴镜像，X、Y 轴交换，即 G09 = G05 + G07。

G10 为 Y 轴镜像，X、Y 轴交换，即 G10 = G06 + G07。

G11 为 X 轴镜像，Y 轴镜像，X、Y 轴交换，即 G11 = G05 + G06 + G07。

G12 为取消镜像，每个程序镜像后都要加上此指令，取消镜像后程序段的含义就与原程序相同了。

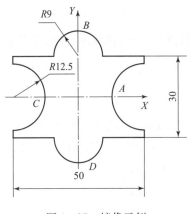
图4-27 镜像示例

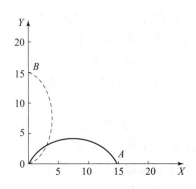
图4-28 G07交换加工示例

6. G41、G42、G40——间隙补偿指令

如果没有间隙补偿功能，只能按电极丝中心点的运动轨迹尺寸编制加工程序，这就要求先根据工件轮廓尺寸及电极丝直径和放电间隙计算出电极丝中心的轨迹尺寸，因此计算量大、复杂，且加工凸模、凹模、卸料板时需重新计算电极丝中心点的轨迹尺寸，重新编制加工程序。采用间隙补偿指令后，凸模、凹模、卸料板、固定板等成套模具零件只需按工件尺寸编制一个加工程序，就可以完成加工，且是按工件尺寸编制加工程序，计算简单，对手工编程具有特别意义。

G41为左偏间隙补偿，沿着电极丝前进的方向看，电极丝在工件的左边。

指令格式：G41 D；

G42为右偏间隙补偿，沿着电极丝前进的方向看，电极丝在工件的右边。

指令格式：G42 D；

G40为取消间隙补偿指令。

指令格式：G40；

说明：

（1）左偏间隙补偿（G41）、右偏间隙补偿（G42）的确定必须沿着电极丝前进的方向看，如图4-29所示。

（2）左偏间隙补偿（G41）、右偏间隙补偿（G42）程序段必须放在进刀线之前。

（3）D为电极丝半径与放电间隙之和，单位为μm。

（4）取消间隙补偿（G40）指令必须放在退刀线之前。

7. G50、G51、G52——锥度加工指令

G51为锥度左偏，沿着电极丝前进的方向看，电极丝上段在底平面加工轨迹的左边。

指令格式：G51 A；

G52为锥度右偏，沿着电极丝前进的方向看，电极丝上段在底平面加工轨迹的右边。

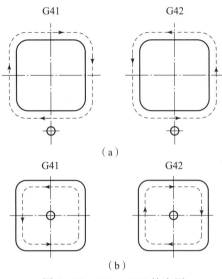

图 4-29　G41、G42 的应用
(a) 凸模加工；(b) 凹模加工

指令格式：G52 A；
G50 为取消锥度加工指令。
指令格式：G50；
说明：
(1) 锥度左偏（G51）、锥度右偏（G52）程序段都必须放在进刀线之前。
(2) A 为工件的锥度，用角度表示。
(3) 取消锥度加工指令（G50）必须放在退刀线之前。
(4) 下导轮中心到工作台面的高度 W、工件的厚度 H、工作台面到上导轮中心的高度 S 需在使用 G51、G52 之前输入。

8. G80、G82、G84——手工操作指令

G80 为接触感知指令，使电极丝从现在的位置移动到接触工件，然后停止。

G82 为半程移动指令，使加工位置沿指定坐标轴返回一半的距离，即当前坐标系坐标值的一半。

G84 为微弱放电找正指令，通过微弱放电校正电极丝与工作台面垂直，在加工前一般要先进行校正。

数控线切割所常用的指令代码如表 4-4 所示。

表 4-4　数控线切割常用的指令代码

代码	功能	代码	功能
G00	快速点定位	G10	Y 轴镜像，X 轴、Y 轴交换
G01	直线插补	G11	Y 轴镜像，X 轴镜像，X 轴、Y 轴交换

续表

代码	功能	代码	功能
G02	顺时针方向圆弧插补	G12	消除镜像
G03	逆时针方向圆弧插补	G40	取消间隙补偿
G05	X 轴镜像	G41	左偏间隙补偿，D 偏移量
G06	Y 轴镜像	G42	右偏间隙补偿，D 偏移量
G07	X 轴、Y 轴交换	G50	消除锥度
G08	X 轴镜像，Y 轴镜像	G51	锥度左偏 A 角度值
G09	X 轴镜像，X 轴、Y 轴交换	G52	锥度右偏 A 角度值
G54	加工坐标系 1	G91	相对坐标
G55	加工坐标系 2	G92	定起点
G56	加工坐标系 3	M00	程序暂停
G57	加工坐标系 4	M02	程序结束
G58	加工坐标系 5	M05	接触感知解除
G59	加工坐标系 6	M96	主程序调用文件程序
G80	接触感知	M97	主程序调用文件结束
G82	半程移动	W	下导轮中心到工作台面高度
G84	微弱放电找正	S	工作台面到上导轮中心
G90	绝对坐标	H	工件厚度

五、思考与练习

1. 电火花线切割加工的基本原理是什么？
2. 电火花加工脉冲参数主要包括哪些，各参数对加工的影响是什么？
3. 电火花线切割中切割凹模时，穿丝孔位确定的注意点是什么？
4. 电火花线切割中切割凹模时，切割路线选择的注意点是什么？
5. 如图 4-30 所示落料模凹模，取电极丝直径为 0.12 mm，单边放电间隙为 0.01 mm，编写线切割加工凹模的程序（采用 ISO 格式）。

项目四 模具零件的线切割加工

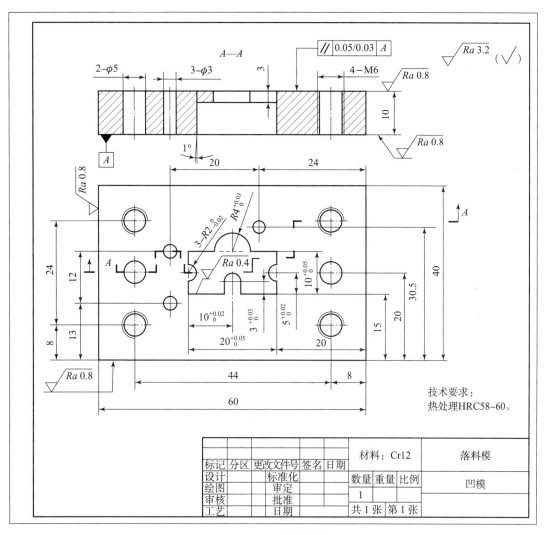

图 4-30 落料模凹模

模块 2 典型模具零件的外轮廓加工
——凸模零件加工

一、教学目标

1. 会制定凸模零件电火花线切割加工工艺。
2. 会确定凸模零件的装夹方案。
3. 会确定凸模零件加工的合理电火花线切割参数。

4. 会确定凸模零件的合理切割方向及进给路线。
5. 会用熟练采用3B格式编制凸模零件程序。

二、工作任务

如图4-31所示落料模凸模，取电极丝的直径为 $\phi 0.12$ mm，单边放电间隙为 0.01 mm，编制凸模的加工程序。

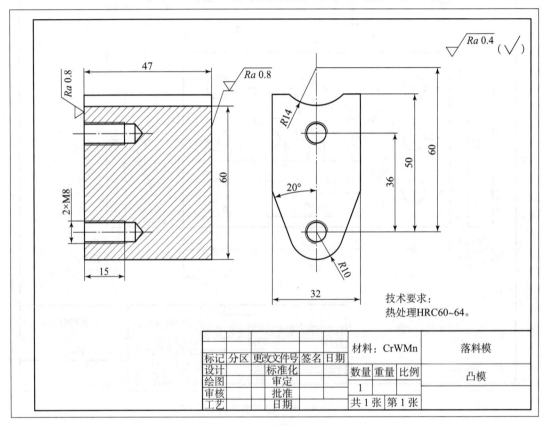

图4-31 落料模凸模

三、工作化学习内容

（一）编制凸模零件的线切割加工工艺

1. 分析零件工艺性能

该零件是落料模凸模，在落料中凸模的尺寸根据凹模配作，模具配合间隙在凸模上缩放，图示凸模尺寸已根据凹模缩放，故凸模的间隙补偿量为 $R = r_S + \delta_d = 0.12/2 + 0.01 = 0.07$（mm），即要求间隙补偿中的补偿量为 0.07 mm。

2. 选用毛坯或明确来料状况

要求选用尺寸为 95×45×48 的材料，材料 CrWMn 进过淬火与回火等热处理，达到其硬度要求，采用封闭切割加工，保证尺寸要求。先把上、下平面经平面磨削达到47.5 mm尺寸，留0.5 mm的修磨量。切割前还应将毛坯进行退磁处理，并除去毛刺和杂物。

3. 选用机床

选用快走丝DK7750型机床。

其中　D——类别代号（代表电加工机床）；
　　　K——特性代号（代表数控）；
　　　7——组别代号（电火花加工机床）；
　　　7——型别代号（线切割机床）；
　　　50——基本参数代号（表示工作台横向行程为500 mm）。

4. 确定装夹方案

采用两端支撑方式装夹。

5. 确定加工方案及加工顺序

用CAD工具绘制，以a为坐标原点建立坐标系，o为封闭切割穿丝孔，如图4－32所示，然后用CAD查询（或计算）凸模刃口轮廓节点和圆心的坐标值，如表4－5所示。

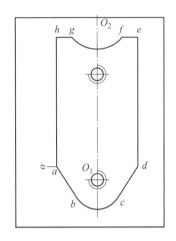

图4－32　落料模凸模刃口轮廓图

穿丝孔设在o点，按$o→a→b→c→d→e→f→g→h→a→o$顺序加工。

表4－5　落料模凸模刃口轮廓节点和圆心坐标值

节点和圆心	X	Y	节点和圆心	X	Y
o'	0	0	f' 相对 e'	6 301	0
a' 相对 o'	4 930	10	f' 相对 O_2'	9 769	9 930
b' 相对 a'	6 607	18 153	h' 相对 g'	6 301	0
b' 相对 O_1'	9 463	3 444	a' 相对 h'	0	35 361
d' 相对 c'	6 607	18 153	o' 相对 a'	4 930	10
e' 相对 d'	0	35 361			

注：表中o'、a'、b'、c'、d'、e'、f'、g'、h'、O_1'、O_2'是轮廓图中相应考虑补偿量后的点。

6. 选择合理的电火花线切割参数

脉冲宽度（μs）：4；

电流峰值（A）：3；

脉冲间隔（μs）：14；

空载电压（V）：80。

（二）编制凸模零件的线切割加工程序

凸模零件的线切割加工主程序如表4－6所示。

表4-6 凸模零件的线切割加工主程序

主程序	注释
O0003	程序名；
N1：B4930 B10 B4930 GX L4；	直线切割从 o 点至 a 点；
N2：B6607 B18153 B18153 GY L4；	斜线切割从 a 点至 b 点；
N3：B9463 B3444 B13252 GY NR3；	逆圆弧切割从 b 点至 c 点；
N4：B6607 B18153 B18153 GY L1；	斜线切割从 c 点至 d 点；
N5：B0 B35361 B35361 GY L2；	直线切割从 d 点至 e 点；
N6：B6301 B0 B6301 GX L3；	直线切割从 e 点至 f 点；
N7：B9769 B9930 B19539 GX SR4；	顺圆弧切割从 f 点至 g 点；
N8：B6301 B0 B6301 GX L3；	直线切割从 g 点至 h 点；
N9：B0 B35361 B35361 GY L4；	直线切割从 h 点至 a 点；
N10：B4930 B10 B4930 GX L2；	直线切割从 a 点至 o 点；
N11：DD	程序结束。

四、相关的理论知识

1. 3B 格式程序编程简介

前面介绍的国际通用的 ISO（G）代码，其优点是功能齐全、通用性强，是推广的重点。而我国独创的 3B 格式只能用于快走丝线切割，功能少、兼容性差，只能用相对坐标编程而不能用绝对坐标编程，但其针对性强，通俗易懂，被我国绝大多数快走丝线切割机床生产厂采用。下面对 3B 格式进行介绍。

1）程序格式

3B 格式的程序没有间隙补偿功能，其程序格式如表 4-7 所示。表中的 B 为分隔符号，它在程序单上起着把 X、Y 和 J 数值分隔开的作用。当程序输入控制器时，读入第一个 B 后的数值表示 X 坐标值，读入第二个 B 后的数值表示 Y 坐标值，读入第三个 B 后的数值表示计数长度 J 的值。

表4-7 3B 程序格式

B X	B Y	B J	G	Z
X 坐标值	Y 坐标值	计数长度	计数方向	加工指令

加工圆弧时，程序中的 X、Y 必须是圆弧起点对圆心的坐标值。加工斜线时，程序中的 X、Y 必须是该斜线段终点对其起点的坐标值，斜线段程序中的 X、Y 值允许把它们同时缩小相同的倍数，只要其比值保持不变即可，因为 X、Y 值只用来确定斜线的斜率，但 J 值不能缩小。对于与坐标轴重合的线段，在其程序中的 X 或 Y 值可不必写或全写为零。X、Y 坐标值只取其数值，不管正负。X、Y 坐标值都以 μm 为单位，1 μm 以下的按四舍五入计。

2）计数方向 G 和计数长度 J

(1) 计数方向 G 及其选择。为保证所要加工的圆弧或线段长度满足要求，线切割机床是通过控制从起点到终点，某坐标轴进给的总长度来达到的。因此在计算机中设立了一个计数器 J 进行计数，即将加工该线段的某坐标轴进给总长度 J 数值，预先置入 J 计数器中。加工时被确定为计数长度的坐标，每进给一步，J 计数器就减 1，这样，当 J 计数器减到零时，则表示该圆弧或直线段已加工到终点。接下来该加工另一段圆弧或直线了。

加工斜线段时，必须用进给距离比较大的一个方向作为进给长度控制。若线段的终点为 $A(X, Y)$，当 $|Y|>|X|$ 时，计数方向取 G_Y；当 $|Y|<|X|$ 时，计数方向取 G_X。当确定计数方向时，可以 45°为分界线，在斜线在阴影区内时，取 G_Y；反之取 G_X。若斜线正好在 45°线上时，可任意选取 G_X、G_Y，如图 4-33 所示。

加工圆弧计数方向的选取，应看圆弧终点的情况而定。从理论上来分析，应该是当加工圆弧达到终点时，走最后一步的是哪个坐标，就应选该坐标作计数方向，这很麻烦。因此，以 45°线为界，若圆弧坐标终点为 $B(X, Y)$，当 $|X|<|Y|$ 时，即终点在阴影区内，计数方向取 G_X；当 $|X|>|Y|$ 时，计数方向取 G_Y；当终点在 45°线上时，可任意取 G_X、G_Y，如图 4-34 所示。

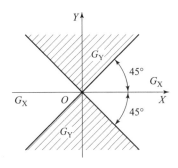 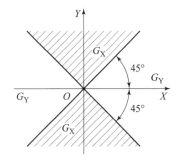

图 4-33 斜线段计数方向选择　　　　图 4-34 圆弧计数方向选择

(2) 计数长度 J 的确定。当计数方向确定后，计数长度 J 应取计数方向从起点到终点移动的总距离，即圆弧后直线段在计数方向坐标轴上投影长度的总和。对于斜线，如图 4-35(a) 所示，取 $J=X_e$；如图 4-35(b) 所示，取 $J=Y_e$ 即可。

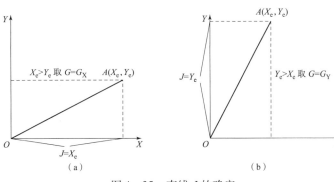

图 4-35 直线 J 的确定
(a) $X_e>Y_e$；(b) $Y_e>X_e$

对于圆弧，它可能跨越几个象限，图 4-36 所示的圆弧都是从 A 加工到 B。

在图 4-36（a）中，计数方向为 G_X，$J = J_{X1} + J_{X2}$；

在图 4-36（b）中，计数方向为 G_Y，$J = J_{Y1} + J_{Y2} + J_{Y3}$。

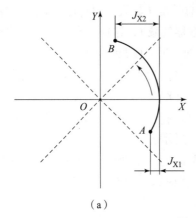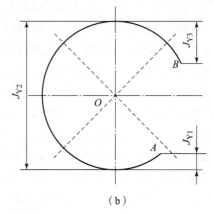

图 4-36 圆弧 J 的确定

（a）计数方向为 G_X；（b）计数方向为 G_Y

3）加工指令 Z

加工指令 Z 是用来确定轨迹的形状、起点、终点所在坐标象限和加工方向的，它包括直线插补指令（L）和圆弧插补指令（R）两类。

直线插补指令（L_1、L_2、L_3、L_4）表示加工的直线终点分别在坐标系的第一、第二、第三、第四象限。如果加工的直线与坐标轴重合，根据进给方向来确定指令（L_1、L_2、L_3、L_4），如图 4-37（a）、（b）所示。

注意：坐标系的原点是直线的起点。

圆弧插补指令（R）根据加工方向又可分为顺圆弧插补（SR_1、SR_2、SR_3、SR_4）和逆圆弧插补（NSR_1、NSR_2、NSR_3、NSR_4）。字母后面的数字表示该圆弧的起点所在象限，SR 表示顺圆弧插补，其起点在第一象限，如图 4-37（c）所示；NSR 表示逆圆弧插补，其起点在第一象限，如图 4-37（d）所示。

注意：坐标系的原点是圆弧的圆心。

4）程序的输入方式

将编制好的线切割加工程序输入机床，有以下方式：①人工直接敲键盘输入，这种方法直观，但费时麻烦，且容易出现输入错误，适合简单程序的输入；②由通信接口直接传输到线切割控制器，这种方法应用更方便，且不容易出现输入错误，是最理想的输入方式。

2. 程序检验方法

编制好的线切割加工程序，一般都要经过检验才能用于正式加工，特别是对于用手工编制的线切割加工程序，计算十分烦琐，难免会出现问题。数控系统大都提供程序检验的方法。

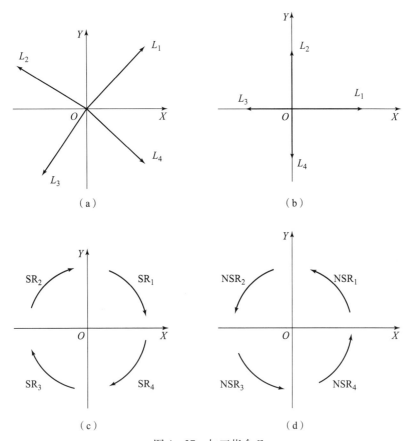

图 4-37 加工指令 Z
(a) 直线插补；(b) 直线与坐标轴重合；(c) 顺圆弧插补；(d) 逆圆弧插补

（1）画图检验（反读程序）。画图检验，就是将编制的线切割加工程序反读，检查程序是否存在错误语法，由程序得出的图形是否正确。

（2）轨迹仿真。轨迹仿真也是将编制的线切割加工程序反读，检查程序是否正确，它比画图检验更快、形象更逼真。

（3）空走。在电极丝没有加电的情况下运行，总体检验加工程序实际加工情况，加工中是否存在干涉和碰撞。

（4）试切割。用薄钢板等廉价材料代替工件实际材料，在机床上，用通过上面测试的线切割加工程序加工，来检验加工程序的正确性和工件尺寸的准确性及进行必需的调整。

3. 穿丝孔的加工

（1）穿丝孔的作用。我们知道凹模图形是封闭的，因此工件在切割前必须加工出穿丝孔，以保证工件的完整性。凸模类工件虽然可以不需要穿丝孔，直接从工件外缘切入，但这样的话，在坯件材料切断时，会破坏材料内部应力的平衡状态，造成材料的变形，影响加工精度，严重时甚至造成断丝，使切割无法进行。当采用穿丝孔时，可以使工件坯料保持完整，从而减小形变造成的误差。

(2) 穿丝孔的位置和直径。在切削凹模类工件时，穿丝孔最好设在凹型的中心位置。因为这既能准确穿丝孔加工位置，又便于计算轨迹的坐标，但是这种方法切割的无用行程较长，因此只适合中、小尺寸凹形工件的加工。大孔形凹形工件的加工，穿丝孔可设在起切点附近，且在沿加工轨迹多设置几个，以便在断丝后就近穿丝，减少进刀行程。在切割凸模类工件时，穿丝孔应设在加工轮廓轨迹的拐角附近，这样，可以减少穿丝孔对模具表面的影响或进行修磨。同理，穿丝孔的位置最好选在已知坐标点或便于运算的坐标点上，以简化有关轨迹的运算，如图4-38所示。穿丝孔的直径不宜太大或太小，以钻或镗空工艺方便为宜，一般选在1~8 mm范围内，孔径选取整数较好。

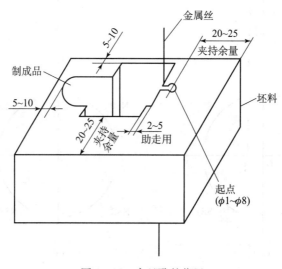

图4-38 穿丝孔的位置

(3) 穿丝孔的加工。由于许多穿丝孔要作加工基准，穿丝孔的位置精度和尺寸精度要等于或高于工件的精度。因此要求在较精密坐标工作台的机床上进行钻铰、钻镗等较精密加工。当然有的穿丝孔要求不高，只需做一般加工。

4. 工作液的选择

1) 工作液的配制

(1) 工作液的配制方法。将一定比例的水注入乳化油，使工作液充分乳化，呈均匀的乳白色。天冷（在0 ℃以下）时可先用少量热水冲入拌匀，再加冷水搅匀。

(2) 工作液的配制比例。根据不同的加工工艺指标，工作液的配制比例一般在5%~20%范围内（乳化油5%~20%，水95%~80%），均匀质量比配制。在要求不太严时，也可大致按体积比配制。

2) 工作液的使用

(1) 对切割速度高或大厚度工件，浓度可适当小些，为5%~8%，这样便于冲下蚀产物，加工比较稳定，且不易断丝。

(2) 对加工表面粗糙度值较小和精度要求比较高的工件，浓度可适当大些，为10%~20%，这可使加工表面洁白均匀。

(3) 对材料为 Cr12 的工件，工作液用蒸馏水配制，浓度稍小些，这样可减轻工件表面的黑白交叉条纹，使工件表面洁白均匀。

(4) 新配制的工作液，使用约 2 天效果最好，继续使用 8~10 天就易断丝。这是因为纯净的工作液不易形成放电通道，经过一段放电加工后，工作液中存在一些悬浮的放电产物，容易形成放电通道，有较好的加工效果。但工作时间过长时，悬浮的加工屑太多，使间隙消电离变差，且容易发生二次放电，对放电加工不利，这时应及时更换工作液。

(5) 加工时供液一定要充分，且工作液要包住电极丝，这样才能使工作液顺利进入加工区，达到稳定加工的效果。

5. 慢走丝机床的机构组成

慢走丝机床的机构主要包括供丝绕线轴、伺服电动机恒张力控制装置、电极丝导向器和电极丝自动卷绕机构，如图 4-39 所示。电极丝一般采用黄铜丝，切割时电极丝的行走路径为：电极丝由供丝绕线轴送出，经一系列轮组恒张力控制装置，上部导向器引至工作台处，再经下部导向器和导轮走向自动卷绕机构被拉丝卷筒和压紧卷筒夹住，靠拉丝卷筒的等速回转使电极丝缓慢移动，在运行过程中电极丝由丝架支撑，通过电极丝自动卷绕机构中两个卷筒的夹送作用，确保电极丝以一定的速度运行，并依靠伺服电动机恒张力控制装置，在一定范围内调整张力，使电极丝保持一定的直线度，且稳定地运行。电极丝经放电后就成为废弃物，不再被使用，被送到专门的收集器中或被再卷绕至收丝卷筒上进行回收。

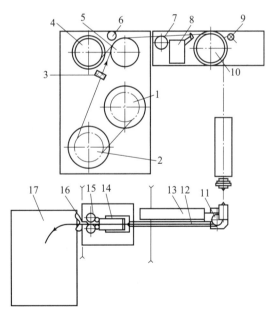

图 4-39 慢走丝机床的机构

1—储丝筒；2—圆柱滚轮；3—导向孔模块；4、10、11—滚轮；5—张紧轮；6—压紧轮；7—毛毡；
8—断丝检测器；9—毛刷；12—导管；13—下臂；14—接丝装置；
15—电极丝输送轮；16—废丝孔模块；17—废丝箱

五、思考与练习

1. 电火花线切割加工中 3B 程序格式是什么样的？
2. 电火花线切割加工中检验程序的常用方法是什么？
3. 电火花线切割中切割凸模时，穿丝孔位确定的注意点是什么？
4. 电火花线切割中切割凸模时，切割路线选择的注意点是什么？
5. 如图 4-40 所示落料模凸模，取电极丝直径为 0.12 mm，单边放电间隙为 0.01 mm，编写线切割加工凹模的程序（采用 3B 格式）。

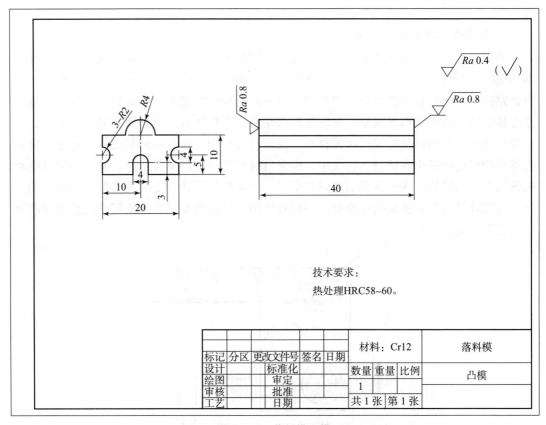

图 4-40　落料模凸模

编 后 语

模具是对原材料进行加工、赋予原材料以完整构型和精确尺寸的加工工具，主要用于高效、大批量生产工业产品中的有关零部件。随着现代化工业的发展，模具的应用越来越广泛，在汽车、电子、仪器仪表、家电、航空航天、建材、电机和通信器材等产品中60%～80%的零部件都要依靠模具加工成型，因此被称为"工业之母"。

模具是装备制造业的重要组成部分，其产业关联度高，是产业升级和技术进步的重要保障之一。据估计，模具可带动相关产业的比例大约是1∶100，即模具发展1亿元，可带动相关产业发展100亿元。

模具应用广泛，种类繁多，分类方法也很多。根据模具成型加工工艺性质进行分类，可以将模具主要分为冲压模具、塑料模具、铸造模具和锻造模具等。根据中国模具工业协会的统计数据，2005年到2015年我国各类模具销售占比情况如下：

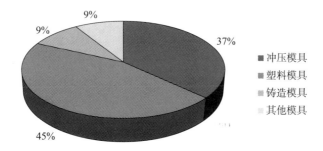

在模具下游行业中，汽车制造业模具使用量较大，在美国、德国、日本等汽车制造业发达国家，汽车模具行业产值占模具全行业产值的40%以上，在我国有1/3左右的模具产品是为汽车制造业服务的。一般生产一款普通的轿车需要1 000～1 500套冲压模具，约占整车生产所需全部模具产值的40%。汽车冲压模具是汽车生产的重要工艺装备，其设计和制造时间约占汽车开发周期的2/3，是汽车换型的主要制约因素之一。

汽车冲压模具具有尺寸大、工作型面复杂、技术标准高等特点，属于技术密集型产品。过去汽车冲压模具普遍采用单工序模和复合模的结构设计，而随着技术进步和装备水平的提高，能够降低成本、提高生产效率的多工位模、级进模逐渐被应用于汽车冲压模具的设计制造中，成为汽车冲压模具制造技术的发展方向。

本书针对模具数控加工、模具生产制造管理等工作岗位任务，确定了课程的设计思路为：以模具零件数控加工工艺实施能力的培养为中心，以典型的模具零件为课程教学实施载体，通过导柱、导套、凸模、凹模、固定板的加工项目训练，使学生能够独立完成机床生产准备，根据加工工艺编制程序，完成程序调用，能够选择合理的工件安装方式，完成工件安装和拆卸，完成零件的数控加工。